室内设计师.**52**
INTERIOR DESIGNER

编委会主任　崔恺
编委会副主任　胡永旭

学术顾问　周家斌

编委会委员
王明贤　王琼　王澍　叶铮　吕品晶　刘家琨　吴长福
余平　沈立东　沈雷　汤桦　张雷　孟建民　陈耀光　郑曙旸
姜峰　赵毓玲　钱强　高超一　崔华峰　登琨艳　谢江

海外编委
方海　方振宁　陆宇星　周静敏　黄晓江

主编　徐纺
艺术顾问　陈飞波

责任编辑　刘丽君　宫姝泰
美术编辑　卢玲

图书在版编目(CIP)数据

室内设计师. 52，空间再生 /《室内设计师》编委
会编. — 北京：中国建筑工业出版社，2015.6
　ISBN 978-7-112-18167-4

　Ⅰ. ①室… Ⅱ. ①室… Ⅲ. ①室内装饰设计 – 丛刊
Ⅳ. ① TU238-55

　中国版本图书馆 CIP 数据核字 (2015) 第 105498 号

室内设计师　52
空间再生
《室内设计师》编委会　编
电子邮箱：ider2006@qq.com
网　　址：http://www.idzoom.com

中国建筑工业出版社出版、发行（北京西郊百万庄）
各地新华书店、建筑书店 经销
上海雅昌艺术印刷有限公司 制版、印刷

开本：965×1270 毫米　1/16　印张：11½　字数：460 千字
2015 年 6 月第一版　2015 年 6 月第一次印刷
定价：40.00 元
ISBN978 -7 -112 -18167-4
　　　（27400）

| CONTENTS
VOL.52

视点	重识巴洛克	王受之	4
主题	空间再生		7
	潮店 la kagu		8
	COPPERSMITH 酒店		16
	重回丰崎		20
	啤酒厂变形记		26
	旧磨坊与新地标		32
	爱国东路王公馆		40
	贰千金餐厅		46
	Poggenpohl 博德宝上海展厅		54
	absolute 花店		60
	黑线空间		64
	寒舍酒店		68
	归隐明训堂		72
	富春俱舍走马楼		80
人物	孙天文：设计信息传达论		84
实录	方所书店成都店		92
	松江名企艺术产业园区		100
	秦淮问柳		108
	食在意林中		114
	绽放之屋		118
	Mortgage Choice 办公室		124
	睿集办公空间		126
	OJO al DATA 临时展馆		134
	Mina perhonen koti 时尚商店		138
	千岛湖云水·格		140
	林氏住宅		148
谈艺	枡野俊明：石立僧的正念		152
专栏	理想在左，实用在右	闵向	156
	美国场景记录：对话记录 IV	范文兵	158
	住——春梦了无痕	陈卫新	160
纪行	柯布西耶建筑之旅随感	叶铮	162
事件	邂逅德国法兰克福样板房村		174
	伦佐·皮亚诺的渐渐件件		180

重识巴洛克

撰　文　｜　王受之

我喜欢看巴黎的建筑、博物馆和画廊。在巴黎看到的"荣军院"（Les Invalides）就是颇为令人震撼的纪念性建筑，它的设计师是儒勒·哈多因 - 曼沙特（Jules Hardouin-Mansart）。建筑完成于 1676 年，是典型的法国巴洛克风格。高耸的圆穹顶上用金箔绘制的图案在阳光下熠熠生辉。空间遵循意大利文艺复兴的基本形态，充满了细节的戏剧化处理，看起来要比哥特风格花哨一些，但是合适的比例、宏大的立面以及繁杂的细节装饰，组成一个绚丽而庄严的建筑作品。

偌大的法国国旗在猎猎的春风中飘扬，我走过拱门，看着这高大的穹顶，重新思考巴洛克风格，或许你与我一样有了一些新的感悟。

何谓巴洛克

国内的读者，对于西方的建筑、室内、景观设计还处在一个比较笼统的认识阶段。因为我们从来没有经历过那些时期，只是从远距离来看。即便做得"形似"，却离"神似"还颇为遥远。我因为长期以来集中研究现代主义设计，对于新古典之前的设计着墨不多，也疏于学习。然而，国内的"法国式"项目越来越多，我经常遇到不少读者追问巴洛克的问题，因此，这几年也就对它注意多了。在巴黎看荣军院是一个起点，从那个建筑开始，我开始集中地了解巴洛克建筑风格，因而也有些心得。

多年来，国内在高端住宅设计、建造方面都比较朦胧，往往笼统地称之为"西班牙风格"、"地中海风格"、"巴洛克风格"，或者更加笼统地叫做"英式风格"、"德式风格"，这是因为我们没有经历过这些时期。在这些项目中，无论是从建筑形式、室内设计、软装配饰，还是园林设计领域，法国的"巴洛克风格"被模仿得最多。

说起巴洛克建筑（Baroque architecture）的发源地，原不是在法国，而是在 16 世纪的意大利。意大利巴洛克之前是文艺复兴时期风格，准确地说，意大利巴洛克风格是在文艺复兴风格基础上加以戏剧化处理而形成的。意大利巴洛克的起源并非住宅和宫廷建筑，而是宗教建筑，具体地说就是教堂的设计。它的出现是为了歌颂罗马天主教以及绝对君权国家的伟大，但是又体现了对罗马天主教内部新教派的认可，在设计上逐步走向轻盈、色彩亮丽以及突出光影效果，装饰风格上极具戏剧化，装饰细节密度大幅度增加。

意大利巴洛克的新建筑风格体现出新宗教派的时代性，其中最重要的有两个：神职界修会（又称之为"戴蒂尼会"，Theatines），另外一个就是耶稣会（拉丁语：Societas Iesu，简写为 S.J. 或 S.I.）。

简单地说，巴洛克就是在严格的建筑次序里添加了代表新思维的装饰，呈现出丰富、活泼、生动、以及炫耀的风格。这可能就是意大利巴洛克做出的最重要的突破。

巴洛克风格自此盛行于欧洲各国，主要分为罗马巴洛克（The architecture of the High Roman Baroque）与法国巴洛克。法国的巴洛

法国巴黎的拉菲特城堡

意大利斯都比尼基宫

克更多应用在住宅、宫廷以及纪念性的建筑物上。而对中国的豪宅设计而言,影响最大的应该是法国巴洛克,不过在中国一般叫做"法式"建筑风格。

这里就出现了一个问题:法式风格,或是巴洛克风格应该如何归纳。我看到很多书本里用简单的"奢华"、"繁琐"来形容。然而,在建筑史的撰写中,往往把米开朗琪罗设计的圣彼得大教堂(St. Peter's Basilica)作为巴洛克风格的先驱作品。他的弟子博尔塔(Giacomo della Porta)继续他的设计探索,设计了耶稣会教堂(the Jesuit church Il Gesù)的立面,被视为早期巴洛克最重要的立面作品。之后,卡洛·马代尔诺(Carlo Maderno)再设计了圣苏珊娜(Santa Susanna, 1603)教堂,基本奠定了巴洛克风格设计。建筑史书中用案例来定义概念,这种方式表达未必清晰。因此,我查阅了一系列有关资料,用以下几条来归纳巴洛克:

1、巴洛克风格的教堂正厅(naves)比较宽敞,经常采用椭圆形。

2、巴洛克建筑形式走碎片化、不完整方向,往往是几种风格拼合的方式,这样设计上显得华贵和复杂。

3、用具有戏剧化的方式处理采光和阴影,形成强烈光影对比,这种手法在建筑上叫做"明暗对照法(chiaroscuro effects)"。典型例子是巴洛克风格的威尔腾堡教堂(the church of Weltenburg Abbey)。这座教堂的设计用几个窗形成室内均匀的照明,光影对比强烈。这种设计手法与哥特时期建筑内部狭长而阴暗很不同。

4、巴洛克风格喜欢采用奢华的色彩和装饰。装饰木雕的人形雕塑(putto)往往贴金箔,或者采用灰塑(plaster & stucco)、大理石雕刻以及假石装饰(faux finishing)营造出相当奢华的效果。有些人说巴洛克"极尽奢华",大概就是因为这些手法达到的视觉效果。

5、顶棚尺寸庞大,大量采用浅浮雕图案的灰塑装饰(ceiling frescoes),并且经常用壁画装饰。

6、巴洛克建筑立面丰富多彩,建筑突出主立面的中心部分。中心建筑设计得如同一座舞台,因此有强烈的戏剧色彩。

7、晚期巴洛克风格的室内装饰包括极为丰富的壁画、雕塑、浮雕以及灰塑图案,晚期更是接近繁琐的地步。

8、室内绘画、雕塑通过精巧的透视、错视方法,造成强烈的立体感,把建筑构造、建筑形式、绘画、雕塑融为一体,这种技法综合叫做"错视法(trompe l'oeil)"。

法国,巴洛克建筑的精华所在

我的个人体会是,看巴洛克住宅、宫廷建筑,还是要去法国。巴洛克建筑虽然兴起于意大利,但是最精彩的作品却在法国。

早期的巴洛克豪宅与宫殿往往由均匀的三翼建筑物组成,但是,从巴黎卢森堡宫(the Palais de Luxembourg)开始,法国的巴洛克设计布局发生了变化。三翼建筑物的中间部分突出,也就是中间部分比较宽敞宏大,两翼缩小体量成为侧翼,起到了配合作用。自此以后,欧洲的宫殿在视觉上显出主次的布局。

法国巴洛克重要的起点,是在室内装饰上出现了更加人性化、细腻的设计发展。17世纪中叶,法国弗朗索瓦·孟莎(François Mansart)设计拉斐特城堡(Château de Maisons-Laffitte)成就了巴洛克的登峰造极。

我是在2006年去看的拉斐特城堡。2004年有个开发商在北京昌平建造了一栋与法国版1:1仿造的拉斐特城堡作为婚庆场地,不久就被《纽约时报》选为2004年全世界最丑的十大建筑物之一。那栋建筑的出现让我颇为沮丧,所以我特别去巴黎看了原版,而且看得十分仔细。

拉斐特城堡所在的地理位置十分好,一边是安静的塞纳河,另一边是圣-日尔曼-昂莱森林(Saint Germain en Laye),因此古堡拥有一个330km² 的花园,环绕在住宅建筑周围。

沿着丁字路口进入城堡,需要通过三重门,入口处的广场一侧还设计了一个马厩。这种做法后来也用在巴黎的凡尔赛宫与尚蒂伊宫(Chantilly)的设计中。我当时是开车去的,从入口走进城堡,走了很长时间。步行期间,森林密密,河水清清,丽日和风,令人心旷神怡。

城堡大宅建造在一块三角形的基地上,外围修建了一道符合法国传统的干的护城壕。建筑立面分成几个断片,分别用于纪念百年前兴建建筑的两位法国设计师皮埃尔·拉斯科特（Pierre Lescot）与菲利波·德罗梅（Philibert Delorme）。三层里立面都由立柱组成，颇为气派。

走进城堡大宅，过去曾经用作入口的铸铁大门如今已经陈列在卢浮宫中。沿着大理石铺就的地面进入前厅，触目所及的雕塑和装饰物都出自艺术家雅克·萨拉津（Jacques Sarazin）之手，再由吉尔·惠林（Gilles Guérin）把原本的素描底稿变成今天看到的艺术作品。至今，人们还可以查得到原始的素描底稿，从中了解设计师的想法。

前厅的左边，被称作"卡帕提夫厅"（Appartement des Captifs），被称作"天堂厅"的角厅，用路易十三的各种军功勋章和贵族徽章装饰立面。而右边的"雷诺米厅"（the Appartement de la Renommée），是爱图瓦伯爵（the comte d'Artois）按照新古典风格重新设计的作品。楼梯设计出自建筑师孟莎本人，灵感来自他曾经设计的巴勒罗（Balleroy）豪宅。设计特点则是敞开中部空间，楼梯沿着紧贴四面的墙面、拾级而上。作为主层的二楼，包括用帝国风格设计的"爱琴厅"与用假拱券装饰的"意大利厅"。前者的设计据说是为了能够迎来拿破仑的莅临，后者则是平时举办舞会和乐队演出的场所。其他还有若干房间，内部结构比较复杂。

拉斐特城堡建成后，曾经影响了不少建筑师。1876年加布里尔－海博利特·德斯坦留为马萨公爵设计的The Château de Franconvill城堡就是完全按照拉斐特城堡作为模仿样本。

在国内，有种屋顶的设计就叫做"孟莎式"。这个孟莎，就是设计拉斐特城堡的弗朗索瓦·孟莎。他的设计上部平缓，下部陡直，屋顶上多设有精致的老虎窗。

我曾经在重庆看过那个可以眺望嘉陵江观景台的建筑群落，这一系列建筑的设计并没有完全拷贝法国式的巴洛克，而是通过设计师的理解重新再设计。经过这么多年的发展，国内的巴洛克式豪宅能够达到这样的水平，让人感到很高兴。

说回法国巴洛克。

法国巴洛克风格的鲜明特点，是把法国传统元素融入文艺复兴的建筑设计。大部分法国巴洛克的豪宅都拥有高耸的屋顶、复杂的屋顶轮廓线、丰富多彩的意大利式装饰元素，在材料的运用上，大量使用粗糙斧剁石做建筑立面。特别是底层立面的铺设，在建筑设计上戏称为"无处不在的粗糙石材"。虽然这个手法源自意大利佛罗伦萨的比提宫，但是综合了之前提到的各种新元素，奠定了法国巴洛克的风格。

法国还有哪些重要的巴洛克大宅？这是很多人希望知道的。除了刚才提到的拉斐特城堡，还有子爵城堡（Vaux-le-Vicomte）、萨瓦尼城堡（Château de Saverne）、丹皮尔堡（Château de Dampierre），香榭丽－曼恩堡（Château de Champs-sur-Marne）、布列提堡（Château de Breteuil）、瓦伦采堡（Château de Valençay）、斯特拉斯堡的"罗罕宫"（Palais Rohan）、以及鲁奈维尔堡（Château de Lunéville）等等，颇为壮观。

春风扑面，想到许多，在这里记下了些许对巴洛克的研究。或许对喜欢巴洛克风格的人、对设计界的朋友有所帮助。END

苏佩尔加圣殿穹顶

空间再生

撰　文　| 姚远

改造是当下的热门话题，无论是中国还是全世界领域，伴随着网络等新媒体的影响，人们的生活方式也在改变，以往的建筑已经无法满足新生活的需求。在为这次专题搜罗报道素材时，我们发现，在全世界范围中几乎每一周都会出现一两个值得关注的改造项目，改造的对象从商业办公、厂房、仓库到村落、民宅，几乎涵盖了所有建筑物的类型。

每一个时代的建筑改造都会面临一个问题，用建筑或者设计思维方式的改造是否能唤起这个空间的新生命。在简·雅各布的论述中，她对于规划与改造的担忧源自"大规模计划只能使建筑师们血液澎湃"，但对于空间的所有者，或是居住者而言，空间改造是否能满足他们对新生活方式的渴望，现实的效果如何却鲜见于有关改造的报道。

相对于改造，此次主题更希冀呈现出"再生"。在建筑师与室内设计师们愈发强调个性化与定制设计服务的现状下，我们发现客户对于专业从业者提供的改造方案要求也愈发地细致，设计师们不再是简单地让老空间变得"新"一些，而是提供一套配合新功能定位的设计方案，甚至参与进这个空间的商业未来或是实际生活的功能设计中。比如隈研吾的 la kagu 仓库改造、亘建筑的 absolute 花店、王涛的寒舍酒店等，在客户有限的预算中，为空间的再生提供有效的专业解决方案。在诸如曹璞的黑线等项目中，设计师不仅提供建筑空间的改造方案，也为创意型网络公司的实际办公提供了新的办公设计创想。阿科米星、OFA 飞形、HASSELL、Graft、Joliark 或是当地居民参与的老房改造，则将现代建筑的理念与传统民居、仓库空间结合在一起，让原本废弃的场所变成当地的一处文化新地标。

无论是哪种方式的改造，现代或是传统的，空间再生的设计核心都在于使用者的实际感受，而相比新建项目的自由度，改建项目由于各种历史原因与建筑保护的理念限制，对于改造者而言存在着挑战。这也是本期主题希望能够呈现给读者的空间再生过程。 END

潮店 la kagu
CURATION STORE LA KAGU

撰　文	festo
摄　影	Keishin Horikoshi / SS Tokyo
资料提供	隈研吾建筑都市设计事务所

地　点	日本东京
面　积	626.93m²
建筑设计	隈研吾建筑都市设计事务所
主持设计	隈研吾、横尾実、斉川拓未
设计/监理	清水建设
业　主	新潮社、サザビーリーグ
设计时间	2013年3月~2014年3月
竣工时间	2014年9月

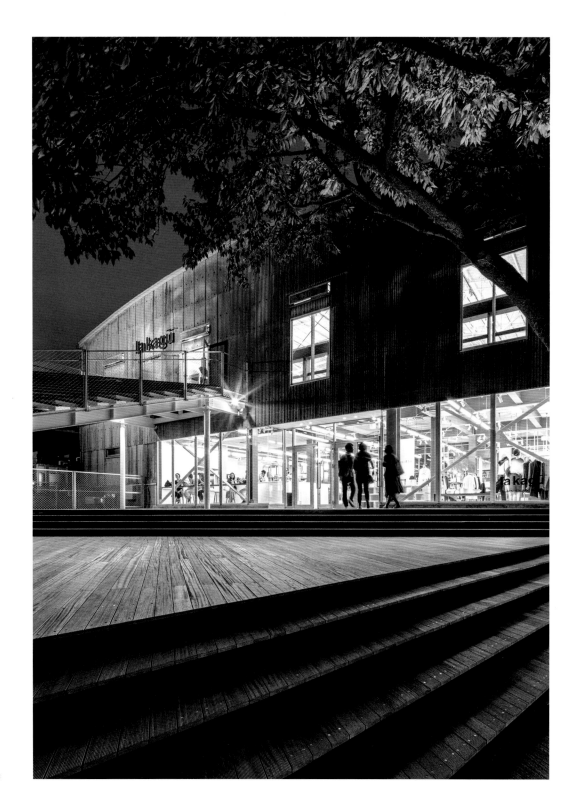

1-2　la kagu 的入口广场

创立于 1896 年的日本新潮社，一直以出版高质量的文艺类书籍和刊物闻名。当下，纸质出版物颇受电子读物与网络媒体的冲击下，新潮社位于日本东京新宿区的仓库原本的储藏功能逐渐减弱。由于所处商业繁华的神乐坂，只作为贮藏使用则未免可惜。2013 年，新潮社与建筑师隈研吾合作，决定重新改建这栋 1960 年代的仓库，让它变为综合书店、杂货、家具与咖啡馆为一身的潮流之处，la kagu。源自法语的店名，则来自仓库所在区域原本有不少法国人在此居住，在此弥漫着世界风情的浪漫气质。

改建的过程并不漫长，具体执行只用了 5 个月的时间，但设计过程则花费了近一年的时间。最早建造仓库时，考虑到储藏功能，结构上使用的钢结构与利于纸张通风的循环系统比较完善，在改建过程中都得以保留，形成新店设计中工业风格的视觉效果。而且，这栋仓库建于日本经济上升时期，包括外墙使用的石板、顶棚的钢筋水泥在内的材料，至今依然十分坚固，建造工艺也十分完善。所以，在耗时已久的设计过程中，保留原有的仓库设计，又让这些设计能够用在新的杂货陈列和文化空间中，是设计师考虑最多的部分。

在改造设计中，隈研吾重新设计了进入仓库的室外坡道。坡道，"有机地把大地和仓库链接起来，像促成了某种化学作用"。用木板铺成的坡道，层层递进地将过客引入外观看起来并不怎么显眼的"仓库"。室外坡道同时连接了仓库两个楼层，敞亮的玻璃门与窗，则将室内的陈列，转为如同橱窗设计一般，但又不是刻意地橱窗陈列，显出精心设计后的随意姿态。

改建后，一楼成为女装、杂货以及咖啡店，二楼则是男装、书店、家具贩卖区以及容纳百人左右的讲座空间。整个室内的基调都围绕仓库做主题，暴露在视野范围内的结构和线路，着重呈现"再定义 (revalue)"的设计理念，希望人们能够设计与保留下不受时代变迁而变化的生活好物。

建筑师不仅是参与了改造，与 YAMAGIWA 照明合作的 SAKA 灯具，将 la kagu 所在的神乐坂的"坂"作为创作灵感，做成和纸灯具成为 la kagu 开店的限量设计品。END

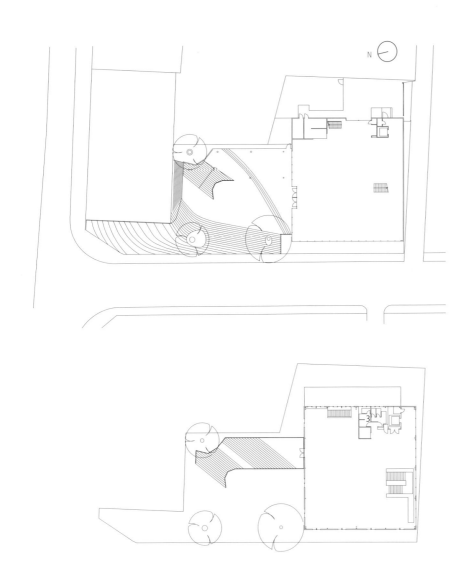

1　平面图

2　外景

3　阶梯的钢架体系

4　立面图

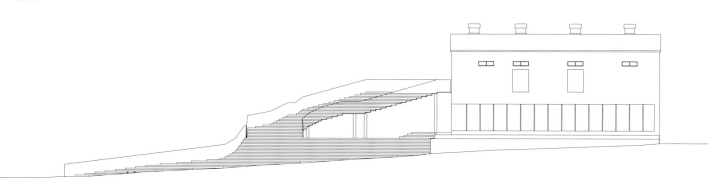

```
1   4 5
2 3   6
```

1.3 立面

2 重新设计的橱窗

4 咖啡厅区域

5-6 餐厅与购物的共享空间

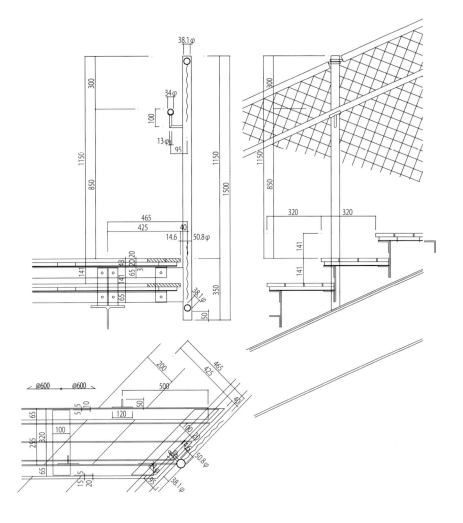

1	3
2	4 5

1　节点详图

2　仓库风格的照明系统

3-5　书店与讲座的共享空间

COPPERSMITH 酒店
COPPERSMITH HOTEL

撰　　文	Celine
摄　　影	James Morgan，Dianna Snape
资料提供	HASSELL

地　　点	澳大利亚墨尔本
业　　主	Bagios Holdings
规　　模	15间客房、餐厅、酒吧和屋顶平台
竣工时间	2014年

　　Coppersmith 酒店的任务很简单：打造一座现代酒店与餐饮目的地，同时保留位于南墨尔本的历史地标。

　　这座地标是从前的板球俱乐部酒店，最早注册于 1870 年。如今这座酒店被重新打造为 Coppersmith 酒店，成为一家有着 15 间客房、一间美食酒吧和餐厅、一间屋顶休憩场所的精品酒店。

　　Coppersmith 酒店的所有者是经验丰富、倍受尊崇的酒店业者，他们对南墨尔本的历史有着浓厚兴趣。他们想要"为繁忙的旅行者"打造"一间远离家的家"。但他们同时希望 Coppersmith 酒店成为"一座近在咫尺、人们经常光顾的场所，邀请人们加入本地人之行列"。

　　他们的愿景是打造一座场所，探索豪华的主题，却又贯彻一种私密的尺度。

　　"在 Coppersmith 酒店，我们必须吸引了解并热爱这座历史建筑的当地人，以及需要现代设施、舒适客房的旅行者。"HASSELL 董事苏珊·施丹德林（Susan Standring）谈道："这是业主商业成功的关键。"

　　保留维多利亚时代街景中历史悠久的建筑外立面，是实现 Coppersmith 酒店客户任务要求的关键。建筑外墙中常年被忽视的砖结构，以及低效的分布设置，都令任务变得更加困难。

　　设计师们决定迎接挑战，设计出历史外立面背后一座真正的新建筑。他们为建筑加上了第三层楼，以及木质屋顶平台，但都设置于原有装饰性女儿墙背后，这样从街上就看不到这些新增加的部分。"通过参考现状建筑肌理，维多利亚时代特点在室内空间的现代设计中得到再次诠释。"

　　在外立面背后，拱形窗、现状彩绘砖墙和木制板条细节都唤起了对原有酒店设计的记忆。木材、铜、皮革等材料的使用以及适度的色彩搭配也为环境增色。通过选用木工家具和装置，团队致力于支持本地的墨尔本设计与手工艺。设计成果为一座现代建筑，提供当今酒店客人与就餐者所期待的舒适与便利，营造热情气氛，打造与南墨尔本历史的强烈联系。ΕΝD

| 1 | 2 |
| | 3 |

1-3　改造后的室内

1　　维持原风格的楼梯间

2-3　客房的工业风

重回丰崎
RE:TOYOSAKI

撰　　文	白申冰
摄　　影	增田好郎
资料提供	coil松村一辉建筑设计事务所

地　　点	日本大阪府大阪市
基地面积	41.13m²
占地面积	33.42m²
建筑面积	64.02m²
建筑设计	coil松村一辉建筑设计事务所
主持设计	松村一辉
施　　工	木村工务店
竣工时间	2014年

| 1 | 2 |
| | 3 |

1 从路上看长屋
2 楼梯入口
3 空间开阔的玄关

日本大阪市的住宅的改造项目，不仅与目前日本住宅的主流特征"郊外"、"新筑"、"一户建"不同，设计师在这个案子中面临的状况，是要解决如下的关键词："都市中心""二手改装"与"长屋"。

丰崎地区处于大阪市中心地段，距离北大阪的运输门户——梅田车站，只有步行15分钟的距离；同时，要到达距离它最近的地铁站也只需步行10分钟。在交通如此便利、有大宗人流通过的区域，它却存留至今，与这个城市古老的文脉相联系，不能不称之为奇妙。

当户主一家买下这座旧宅之时，并没有找到多少关于它建于何时、又是谁人建了它之类的信息。翻遍记载，与它唯一有关的是，这所房子最近一次翻修的年代，还是东京举行奥运会的那年——1964年。

设计开始于将所有旧有的围护墙体都去除之后——这一举动是为了暴露屋子的原有木架构，以便对它现存的结构状况进行测试和估算。为了满足现代生活的设备要求，结构体被进行了加强。这同时也是为了满足承载现行日本节能条例的4级

隔热材料的要求。施工和敷设都进行了精确严格的测量和计算，力图将空间打造为一个宜人宜居的环境。

长屋是富有日本文化特色的词语，但是它的空间却并不那么令人满意：平面是面宽只有4m左右的狭长矩形。这也导致了安装好门之后，厕所和盥洗室没有什么空间了。为了解决这个问题，内部空间的分隔和门都采用了柔性的材料，用帘子代替门板。考虑到整个屋子的尺度，玄关处做了一个比较奢侈的空间，而通往楼梯的入口顶棚设计成开放的。这些尽量减小门扇开关结构空间的策略解放了空间，并使得上下层两层空间融为一体。而在这个过程中被拆下的旧构件、门板，也没有被丢弃，它们被重新利用于其他的功能和位置。

收纳设计则没有那么寸土必争，它的重点在于能够自由而多样地展示屋主的生活习惯和小乐趣。其实这个设计的核心意图在于——在以长久的支撑联系着这个城市文脉的古老结构上，以柔和轻巧的方式将屋主夫妇的生活包裹在内。**END**

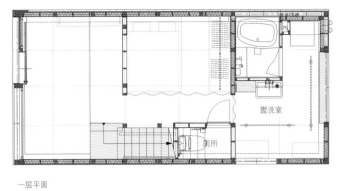

一层平面

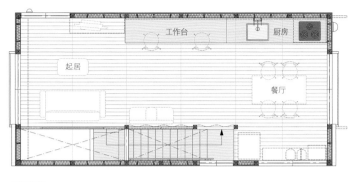

二层平面

1	4
2 3	5

1　平面图

2　卧室

3　盥洗室

4　楼梯分隔采用柔性拉帘

5　楼梯吊顶

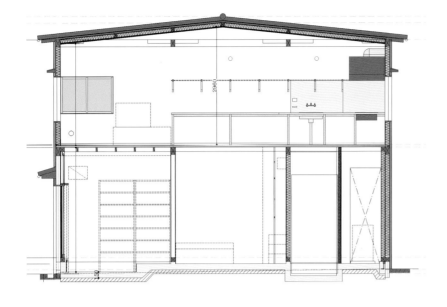

1	4
2 3	5

1　剖面图

2　保留的老木结构

3　彰显主人个性的摆件

4　工作台

5　功能紧凑的二层空间

啤酒厂变形记
OCTAPHARMA BREWERY

撰　文	姚远
摄　影	Joliark/Torjus Dahl
资料提供	Joliark ab

地　点	瑞典斯德哥尔摩国王岛（Kungsholmen）
面　积	7 400m²
建筑设计	Hans Linnman与Cornelia Thelander（主要负责），
	Helen Johansson，Charlotte Larsson，Tobias Wallin，Susanna Dahl
室内设计	White 与 Joliark
平面设计	The Kitchen
结构设计	Tyréns
景观设计	White
类　型	餐厅及办公场所
业　主	Octapharma
竣工时间	2015年
设计师网站	http://www.joliark.se/projekt/bryggeriet/

项目所在的建筑，原是 1890 年代兴建的啤酒厂。那段时期，斯德哥尔摩的啤酒业十分兴盛。然而，就在这座啤酒厂建成 15 年后，厂家就遭遇了经济困难，很快就破产倒闭。在漫长的历史过程中，啤酒厂的建筑被用作仓库、临时的住所等各种功能。2009 年，这栋已被列入国家保护建筑的文化地标，在新业主、生产蛋白质的跨国公司 Octapharma 的规划下，希望将"啤酒厂"改建成全新的办公场地与医药实验室。

因为属于历史保护建筑，这栋主要由木材作为结构支撑的建筑物不能改建为生产药品的实验室或工厂，所以在斯德哥尔摩规划局与斯德哥尔摩城市博物馆的专家参与的测量与研究下，设计师选择将这栋建筑改建成办公室，以及包括员工餐厅、会议空间、更衣室在内的全新空间。

整个改建的过程历时七年，从决定方案到具体实施，每个环节都由建筑师、室内设计师以及文物保护专家全程参与。整栋建筑物的所有砖瓦都在经过专家的评估后进行精密修整，再用于重新翻修的建筑上。

在改建过程中，用玻璃幕墙替换原本的砖混墙面，是建筑师最为大胆的举措。原有的仓库式密闭空间不适用于办公所需的自然照明，与医药类公司的形象不符。原本支撑建筑用的砖木结构，历经百年后，也变得面目全非。经过各方论证，建筑师用玻璃幕墙替换原有的结构，同时对楼板进行加固，而替换下来的砖和木，作为历史保护物的一部分，用作室内的改建材料。

在设计室内部分时，设计师挑选的办公家具都是与老啤酒厂的木制梁和柱子色泽匹配的深色桌椅。照明设计部分，则选择工业化风格浓郁的灯罩，设计产品基本都选择瑞典设计师的作品，业主希望能够给予客户"深入本地文化"的良好形象。从建筑到细节形成都在与这栋有着百年历史的建筑物进行跨越时空的文化对话。**END**

1	2	4
3		5

1-2　改造前斑驳的墙体

3　改造后的工业设计风

4-5　重植的新功能空间

| 1 | 5 |
| 2 3 4 | |

1.5　玻璃墙面增加室内的明亮

2-4　改造细节

旧磨坊与新地标
OLD MILL HOTEL BELGRADE

撰　文	festo
摄　影	Tobias Hein（德国柏林）
资料提供	GRAFT

地　点	塞尔维亚贝尔格莱德
设计公司	GRAFT
业　主	Soravia Group/ Radisson Blu
房间数	236间客房与14间套房
竣工时间	2014年

德国建筑事务所 GRAFT 的设计历来以跨界式"嫁接"思维打破常规建筑范式，比如在这个位于塞尔维亚的改造项目中，若非事先了解这原本是一座旧的制造工厂，仅从室内的流线型布局来看，几乎就是一个新建项目。

这座磨坊位于贝尔格莱德旧城的萨瓦河边，拥有俯瞰流水与城市的绝佳视野。然而，因为传统研磨工业的被全新的流水线式厂房取代，这栋建筑空置已久。在研究改造方案时，建筑师们考虑的首选立场则是维持原有历史建筑结构不变，在此基础上使用新材料、新的色彩方案以及重新塑造空间，让磨坊成为拥有独特视觉体验的"文化纪念碑"。

经过一年多的时间，改造成设计酒店的磨坊从外观来看显得并不"耳目一新"。然而，一旦进入室内，人们的感觉则像是进入一个如同工业博物馆式的空间。老磨坊时代使用的石块与铁艺柱被重新设计后放置在大厅中，接待柜台则直接改造自磨坊中的旧机器。粗糙的工业风格与色彩鲜亮的布艺沙发，形成视觉上的反差。

建筑师们对整个室内空间进行了重新布局，原本按照生产线分割的区域，被重新整理成一个大厅、接待区、酒吧、餐厅、spa、健身房以及各房间构成的综合体。并且，建筑师在此加设了原本没有安装的电梯设施。在这些"新设计"中，包括用回收的砖砌成的新墙面，橡木和铜构成的装饰材料，以及暴露在外的混凝土结构，这些材料都取自磨坊中的废弃物，重新设计后再用于新空间。虽然，整个室内都用白色的环保材料装饰，这些回收材料的使用依然能够唤起人们对原本磨坊的记忆，且带着股"过去美好"的亲近感。两者构成的对话，则在建筑空间中形成平行世界般的存在。 **END**

1	3 4
2	5 6

1 　入口

2 　外景

3-6 　一层室内

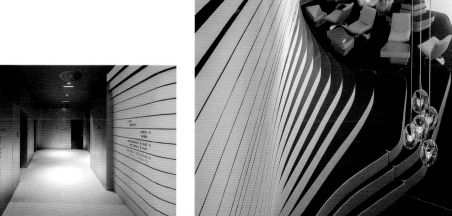

| 1 | | 4 |
| 2 | 3 | |

1-3　餐厅
4　大厅

1		5	6
2		7	
3	4		

1　会议厅

3-4　工业风格的内饰

5-7　客房内景

爱国东路王公馆
LIVING AS OLD FASHION

撰　　文 ｜ 尹祓痛
资料提供 ｜ 奇拓室内装修设计有限公司

地　　点	中国台湾台北市中正区爱国东路
面　　积	181m²
设 计 师	Chlo'e Kao,Ciro Liu
设计公司	奇拓室内装修设计有限公司（CHI-TORCH Interior Design）
竣工时间	2014年6月

　　有人强调空间限定，有人支持空间流动；有人觉得空间有光才能被点燃，有人深信，动人心弦的空间，必然蕴含着贴近内心的故事元素——时光在空间中上演如同一台人事纷繁的戏剧，设计以"冲突"将故事组织，将质感暴露，让生活的乐趣从过去至今延续。

　　爱国东路王公馆是一栋建成40年的老公寓，时光在老房子上刻满痕迹。奇拓设计想要尊重它们，而对于那些承担了时间和重力、却因为刚毅粗砺常常被人选择遮盖掩藏的建筑材料，奇拓告诉它们，你们值得被看见，你们值得被展示，你们值得为自己骄傲。

　　装饰风格融合了极少主义和工业主义审美。墙面的处理尤为大胆，新髹的白色乳胶漆在出人意料的位置被撕开，暴露出建筑原有的红砖。台湾独有的旧造房木料被收集起来，在卧室床头得到重新呈现。

本不亲切的工字钢龙骨在这一片暖色调的映衬下也刨除了冰冷的特性。室内陈设也特别注重收集那些有年头的物件，回收再利用的铁件与历史刻画过的旧有家具：订制铁件书柜、跳色人字拼地板、旧工厂回收的吊灯、餐椅……配合居家的舒适与软装的柔化，新与旧，柔与硬，暖与冷，冲突而交融。

　　在光线的处理上，设计师特意降低了窗台高度加大采光，让室外美景尽情交流，让光线将室内点亮。

　　奇拓设计就这样将历史和现代生活充满张力地结合起来，在满足日常舒适家居的同时，每一处强烈的对比都唤起隐藏的回忆。那些因被时光摩挲而泛出光泽的砖、木、钢铁，无时不刻不召唤我们回到那个筚路蓝缕的年代——我们曾经不够精致，我们曾经因陋就简，但我们曾经毫无畏惧、充满力量。

| | 2 |
| 1 | 3 |

1 展示红砖的墙面

2 平面图

3 故意放低的窗台

1　铁件书架

2　拼花地板

3　有年头的摆件

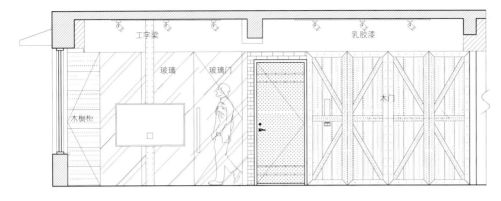

立面图 1

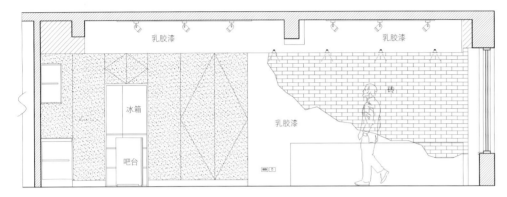

立面图 2

1		4
2	3	5

1   立面图

2   有工业感的盥洗室

3   怀旧感的家具与摆件

4-5   回收老木做床头墙饰面

贰千金餐厅
LADY BUND

撰　　文	Luna Hsu
资料提供	Dariel Studio

地　　点	上海
面　　积	1 200m²
设计事务所	Dariel Studio
设计总监	Thomas Dariel
设计团队	Julie Mathias, Andreea Batros,Caroline Magand
竣工时间	2014年11月

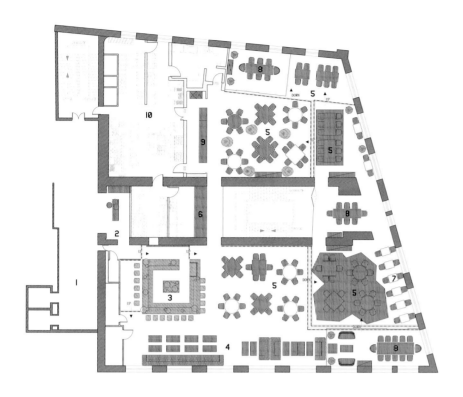

1　走廊　　　　6　甜品吧
2　入口　　　　7　靠窗餐桌
3　酒吧　　　　8　VIP
4　休息区　　　9　开放式厨房
5　餐饮空间　　10　厨房

1　入口
2　平面图
3　内景细节

贰千金 (Lady Bund) 餐厅位于上海"外滩 22 号",主营创意亚洲料理。餐厅所在建筑前身始建于 1906 年,地理位置毗连十六铺码头,是一栋典型的折衷主义历史老建筑。修缮后的外滩 22 号以其特有红砖立面在外滩建筑群中独树一帜,仿佛女子着一袭红裙,极具历史韵味。

基于餐厅的建筑背景是西方建筑形式与东方历史文化完美结合的典范,业主期望能在贰千金内部延续东西一统的精神韵味,于是邀请了扎根上海的法国设计师唐启龙

(Thomas Dariel) 操刀室内设计,发挥其擅长的文化兼容现代的设计手法。

唐启龙有机穿插了东方语汇元素与西方的呈现方式,将这种融合性贯穿于整个室内设计中,与贰千金创意亚洲料理的菜品风格一脉相承。在此基础上,为了进一步丰富功能,空间内部不着痕迹地刻画了两种不同的语境氛围:平日里轻松休闲的餐厅和入夜后私密尊贵的酒吧。

1 200m² 的空间并不规整,或封闭或开敞的区域却也因地制宜,自然地分割出了大致的就餐区域。设计师为每一片区域都设计了一个主题,使之自成一景。

入口处的前台区域首先为餐厅奠定了基调。鱼骨纹木护墙板从地面延伸至顶棚,将整个空间包裹其中,传递着温暖和欢迎。简单高雅的金色签到桌带来质感,悬于其中的沃克传媒 (WOK Media) 设计的陶瓷蛋壳艺术装置,则多少暗示着这个项目的创意属性。

由此步入,圆角吧台首先映入眼帘。如果说前台是引子,那么作为贰千金故事的开篇,吧台区域的设计直奔主题,选择亚洲传统书法元素来点题。宣纸被裁剪成一条条斜边纸条,从木制天顶优美地垂落,中间夹杂着几条木吊灯,配合气场十足的黄铜吧台桌,纵向层面立体丰富。而在吧台旁侧的墙面,大大小小的木框悬挂着适应各自尺寸的毛笔,则形成了横向的呼应关系。

穿过吧台,便进入了一片开敞的核心区

域,悉数保留的原始拱形窗格,带来开阔迷人的外滩江景。偌大的空间主要划分为两个区域。中央区域基地被稍稍抬高,用作就餐区。配合边角圆润舒适的桌椅,一幅幅卷轴依次在顶棚铺开,拖出空白的画卷,自外向内延伸。刚到尽头,巨型数码喷绘作品立马进行纵向的衔接。画面描绘了布满繁复花样纹身的背影,占据整面墙壁,将神秘性感的气息发挥到极致。在原始窗格独特韵律的衬托下,环绕左右的区域安排为休闲区,方便边品酒边赏景。各式各样的折衷主义设计家具点缀其中,呼应了原建筑的属性,有效避免了单一陈设带来的正式感。横跨天花的长条汉字设计灯箱和地图地毯,流行中不乏可圈可点的细节,使空间更为年轻活跃。

受到传统丝织机器的启发,在第二就餐区,设计师将细绳索相互穿插扭曲,交织出几何图案,编出了一张若有若无的丝网,笼罩在整个空间之上。四盏 Maison Dada 的别致吊灯悬于其中,是东西关系最佳的补充说明。与绳索之虚相对,占据空间尽头的铜管"线条"将飘忽的视线悄悄收回。棱角走线所勾勒的开放式餐吧,带有些许工业的味道,亦与放置于此的美食相得益彰。

两个主要就餐区各有一间优雅的 VIP 间,采用藤织移门隔断,既避免了生硬的衔接,同时保持着较好的私密性。这里同样安排了精心妆点的顶棚,将诗意的图案化作别致设计——一如贰千金带来的印象。∎

1	3	4
2	5	6

1-2　餐厅内景

3　中国元素的毛笔造型

4　灯具设计

5-6　局部细节

1-4 餐厅
5 走道
6 把手细节

1-3 达达风格的室内

Poggenpohl 博德宝上海展厅
POGGENPOHL SHANGHAI STUDIO

撰 文	Benson XU
摄 影	Nacasa & Partners Inc.

地 点	上海市闸北区万荣路700号A3幢
面 积	2 200m²
设 计 公 司	OFA飞形设计咨询
设 计 师	耿治国
主 要 材 料	水泥、环保木丝板、黑铁、黑玻璃、白膜玻璃、白色石材、薄膜顶棚
设 计 时 间	2013年
竣 工 时 间	2014年

	2
1	3

1　展厅建于曾经的老旧厂房内，部分保留了原有结构

2　展厅俯瞰

3　展厅外观：黑色铁盒

场景

　　曾经的老旧厂房，如今的黑色铁盒。依缘地面光亮的指引推开大门，巨大空间的冲击迎面扑来——这里是世界最负盛名的高端厨房品牌博德宝在全球唯一以博物馆为主题的展厅空间。

　　挑空制造的超大空间中，历史相片与珍贵实物依次陈列，将品牌历程清晰展现；大型现代艺术作品的设置使空间又仿若一座典雅的美术馆。空间中的展品既是品牌历史长廊的一部分，亦成为美术馆中的珍藏作品。

　　OFA飞形在规划本案时，将高端品牌、艺术品味与生活体验融为一体。人们在展厅中的不同活动与互动关系，使空间作为展厅、博物馆与美术馆的同时，也可以成为烹饪教室、美食厨房及派对会场——在挑空制造的超大空间中，珍品拍卖会、美食品鉴会及跨界艺术展轮番登场；三层VIP Room既是厨房宴客厅、也可成为烹饪教室，依缘透明瞭望台举行小型派对活动。空间超脱出单一的展示功能，为品牌主动表达自身提供了可能。

物件

　　空间中的大型对象也依据场景功能转变自身角色：6m宽的巨大楼梯可以是连接楼层的功能性存在，亦可以是观赏品牌活动的观众坐席，甚至是模特款款猫步而下的倾斜T台。

　　垂直直达电梯连接起超大空间中的各楼层，功能性之外，它也是一座移动的小型客厅，将客人带往三层的厨房宴客厅；它还是一座小型观览室，在向上的行进中展现观看整个空间及其中展品对象的上佳角度。

　　三层VIP Room与透明瞭望台也可因品牌活动随时潇洒变身为一座开放厨房宴客厅与空中观景庭院。

灯光

　　空间入口处灯光、底层水平环绕的盒状灯光、垂直电梯移动中形成的灯光、6m宽巨大楼梯的倾斜灯光——空间四个维度上的灯光设置，依据场景功能的变化组合切换，为不同空间情境提供全方位差异感受。 ■END

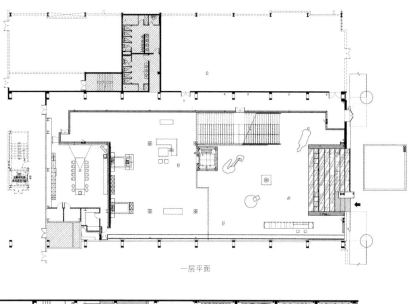

一层平面

二层平面

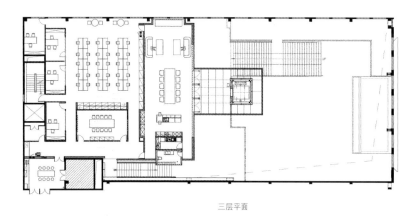

三层平面

1　6m 宽的巨大楼梯既可连接楼层，亦可以是品

　　牌活动的舞台或坐席

2.4　四个维度上的灯光设置，提供不同空间感受

3　平面图

1	2	5
3	4	6

1-2　二层公共区域

3　卫生间

4　通往三层的楼梯

5　三层的 VIP room 可做厨房宴客厅，也可做烹饪教室

6　三层的 VIP room 与透明瞭望台，犹如开放的厨房宴客厅
　　与空中观景庭院

absolute 花店
FLORIST ABSOLUTE

撰 文	孔锐
摄 影	亘视觉

地 点	上海
面 积	48m²
建 筑 师	孔锐、范蓓蕾
设计团队	陈晓艺、薛喆、尤玮
功 能	商业
竣工时间	2014年9月

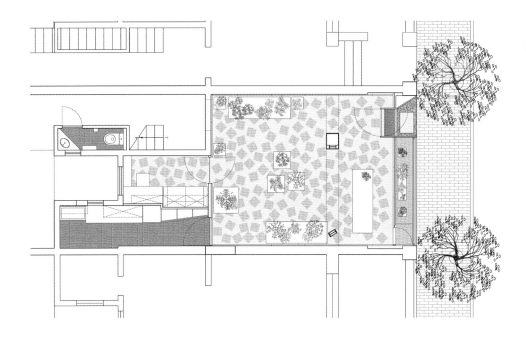

Absolute 花店位于上海历史街区的临街店面，基本的空间模式是一个狭长的入户前院加一个室内的房间。改造前，30m² 的房间加上室外临街的不到 10m² 入室花园，对于一处商业店面而言，无论是面积还是空间分割，显得有些尴尬。在我们刚接到项目时，首先就考虑到这两个被分割的空间，将原有的室内和室外空间合并，把并不大的两个小空间合并成一个完整的室内展示空间，有利于花店的陈列与展示。

为了确保内部空间体验的连续性和完整性，我们将沿街的墙面封闭，减少街道对室内的影响。同时，用玻璃顶棚将前院封闭起来，从而获得一个比所在街道其他店面都完整的室内空间。有趣的是，这个与"邻"不同的处理方式，反而给花店带

来不少好奇的参观者，因为只有这家店的沿街橱窗被封起来，让他们都忍不住好奇心，走进来一探究竟。

走进室内，人们会发现，花店的室内空间并没有室外看起来那么"封闭"。在顶棚天窗设计的细节上，考虑到花店所处地域的行道树是拥有近百年历史的梧桐，四季更迭的过程中，树荫与树影极具魅力。设计时，特别将室外的树影透过天窗投射进室内，形成光影斑斓的婆娑影像。当晨曦穿过薄纱一般的雾霭洒进花店，店中摆满着盛开的鲜花，沾满露水的花瓣在光影下呈现出清晰的形态和饱满的色彩，而梧桐树的景像被弥散开来的柔和光线透射进房间中，变得若隐若现，这也令花店与室外的环境和植物，构成一种自然且惬意的微妙联系。END

1 │ 2 │ 3

1 室内

2 平面图

3 沿街设计

```
  1  |  5
  3 4 | 6 7
```

I-2 改建前后对比

  3 室内

  4 轴测图

5-7 顶棚天窗照明的室内

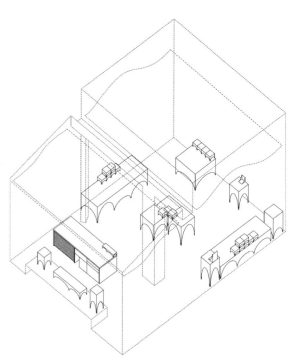

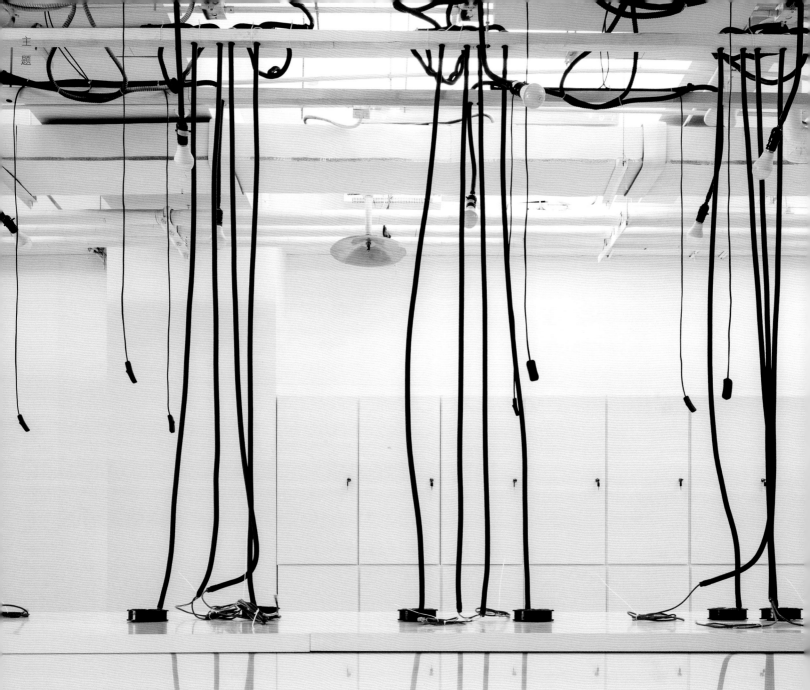

黑线空间
BLACK LINE

| 撰　　文 | 姚远 |
| 摄　　影 | 曹有涛 |

地　　点	北京歌华大厦
面　　积	157m²
设 计 师	曹璞
甲　　方	黑马live
配合设计	北京艺诺空间文化发展有限公司
施 工 方	北京艺诺空间文化发展有限公司
竣工时间	2015年1月

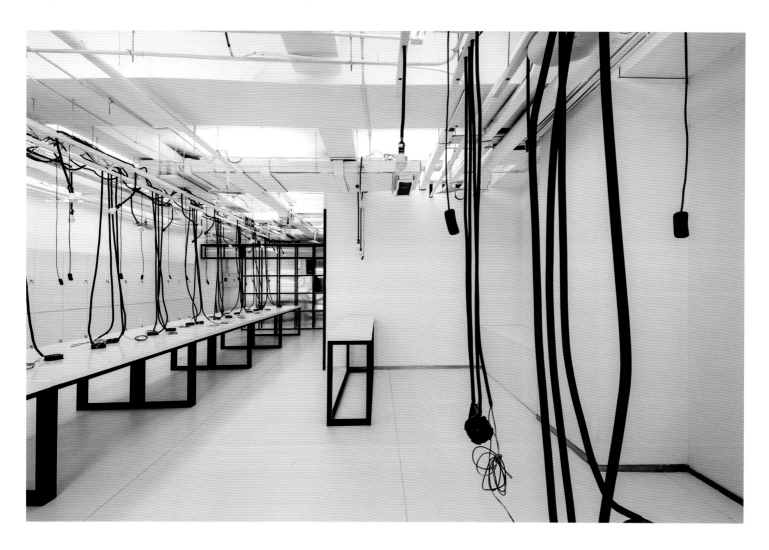

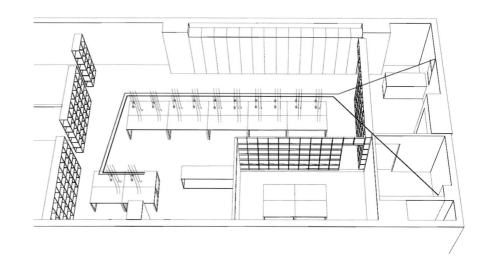

1-2　内景

3　透视图

　　网络时代，传统的桌子加椅子形式的办公室对刚创业的青年来说是个太没创意、又限于预算不得已而为之的选择。有位刚创业的朋友就把刚租下的北京某处办公室设计难题扔给了建筑师曹璞。"预算最低，施工期限最短"，还要有新创意。有限的条件下，挖掘无限的可能，想必也是所有空间再造项目面临的难题与调整。

　　面对前身是会计事务所的 150m² 的空间，曹璞选择的解决办法带着股"骇客时代"的前卫气息。从改造方案、实施到完工，整个改造项目的进行时间也可以用"短平快"来形容。整个方案的重心围绕保留原来的空间不变，在空中建立一套全新的线路系统，让网络时代办公变成具象的网络时空。

　　就像那座知名的后现代建筑，法国蓬皮杜艺术中心，所有的管道变成建筑的外观，这间落满"黑线"的办公室用可以变形、弯曲的蛇皮套管装下所有的照明、插座以及网络线路，然后直接垂落到每个座位上。酷爱创意型办公的员工，可以抱着笔记本自由地切换各个方位，高速网络让这个有限的空间变成无限的网络领域。

　　不过，设计师也考虑到实地办公的收纳需求，每一位员工都配备了用角铁和板材烤漆做成的储物柜。从办公桌到储物柜，一律使用黑色与原木构成的色彩基调，配合黑色的线路世界，与网络创业的新模式显出一致的步调。END

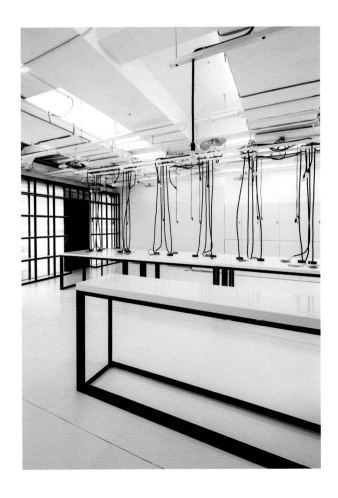

1.2.4 室内

3 概念图

 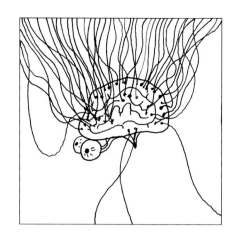

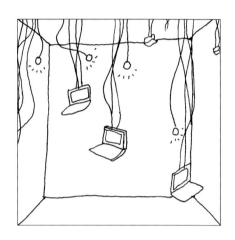 

寒舍酒店
HUMBLE HOUSE

撰　　　文	王涛
资料提供	三月设计

地　　　点	山东省青岛市
面　　　积	960m²
设　　　计	王涛
施工单位	马路施工队

1　外观

2　改造前

3　入口

这个项目的起因是业主的朋友想出租这个场地，而项目总价又不高，便顺理成章地接手了。他思前想后不知道用这个周边环境复杂的三层破落建筑做什么，所以找到我一起商量。我是个爱住店的人，不管出差还是旅行，都会挑一些较特别的酒店住一住，一来借屋过夜，二来感受一下设计者的心思。几年下来，店越住越多，打动我的越来越少。

与业主沟通的过程，竟一拍即合，他只是给我两个条件，一是总造价不得超过120万；二是名字、LOGO、室内设计、软装配饰、耗品设计乃至经营思路都统统由我负责。他负责出钱及协调，我很尊重这么放心的业主，所以也冷静地思考了好一阵子。

老实讲，之所以选择现在这种腔调，真的跟什么"vintage风"没半点关系。根本就是造价低，而施工队又没有按照既定方式解决现场问题的能力，只能用这种含蓄讨巧的方式表达，后来想想，这种表达也没什么不好，繁华过后，平淡见真。

一楼的布局主要是由与下沉酒吧相连的门厅、水泥做的不可移动的长餐桌和一个供住客们闲聊发呆的下沉区域组成，还包括了配套的公共洗手间，我想这是我在这个旅店里首先要表达的态度，我幻想了一个路径：下午可以在水泥长桌上来杯咖啡，上上网，吃点简餐，傍晚或是在吧台来杯地道的青岛啤酒，甚至去市场买些海鲜，酒店亦会帮你打理煮好，如果还没尽兴，遇到一见如故的哥们儿，可以拿上几瓶啤酒，去下沉的榻榻米宽沙发边来个一醉方休，半夜回到舒服的床上，结束这一天"青岛式的生活"。

二、三楼都是客房，因为是1980年代的建筑，并不是为客房准备，所以加固调整了很多区域。我尽力地制造一个"无"的概念，干净、纯白色、开放，让住客从视觉上避免接触一些不必要的因素和色彩。洗漱、淋浴、马桶的区域也因为面积有限和解决上下水声音的问题而抛弃了围合式而采用外翻布局，中心是经过加强隔声的上下水筑墙，无声负压排气管也在其中，抬高三步楼梯使下水都在本层汇总，不至于影响楼下其他住客。而淋浴一般都靠房间中心，有点我们去佛罗伦萨美术学院参观大卫雕塑的感觉，有点戏剧效果，因为每次去拍照房间都满房，就来张手稿表示一下吧。

其实没有什么完美的作品，这个小旅馆也一样，建筑立面如果再能多3万预算会有更有趣的表达，如果入口的耐候钢能再厚一点，也如果床铺能加个乳胶垫再舒适一点，如果施工工艺能再少点粗糙……不过，这些也都不那么重要了，我完成了我的两个任务，住客们反响也还尚可，这也只是一次小小的尝试，一个点到为止的尝试。END

1		4 5
2	3	6

1-3　改造后的公共区域

4　手绘图

5　标识与 Logo 同样出自建筑师之手

6　灵感来自美院素描场景的淋浴间

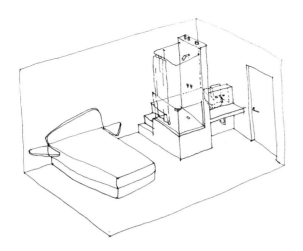

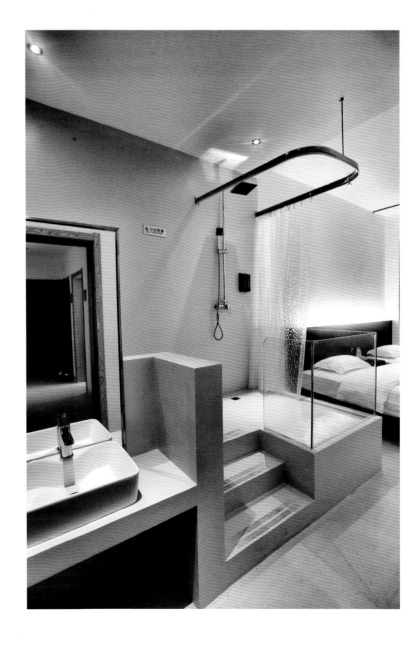

归隐明训堂
MING XUN TANG

撰　　文	曹炳辉
地　　点	中国江西婺源思口镇延村明训堂
设　　计	赵宝平、冯丽君、喻永红
房 间 数	16间客房
竣工时间	2014年

1　明训堂入口

2　大厅

3　小院一角

濒临倒塌的古徽州老宅废墟，变身优雅的徽文化度假宅院"明训堂"。在有中国最美的乡村之称的江西省婺源县，一个外科医生携手一位小学美术教师，把一座古老、破旧得无法居住的的老宅废墟改造成了既古香古色又雅致宜居的度假府邸。

徽宅始建于清朝嘉庆年间（公元1816年），占地面积两亩半，为当地最具代表性徽派老宅。格局为群屋一体，各屋相通。经过二百多年的风雨侵蚀，改造前老宅后院已成危房，宅内雕门花窗均已遗失，二楼楼梯朽毁、梁柱虫蛀雨浸腐朽歪斜、楼板破洞，屋内阴暗霉朽，人不得踏入。主持这座老宅改造的外科医生赵宝平、冯丽君夫妇和美术老师喻永红虽不是专业设计师，但是凭借着对美的准确理解依然促成了一件好的室内设计作品的诞生。

整个房子遵从了徽派建筑外堂、内堂、余屋的总体布局，外堂、内堂都有独具徽州特色的天井，保持了徽派建筑的特色，也为房屋采光创造了条件。院落全部采用青石板铺就，在院子中间一口1m见方的石头方塘，为整个院子增添了生机。石塘内，婺源独有的荷包红鲤鱼游弋其中，方塘周边两盆兰花悠悠绽放，芳雅气息弥漫全院。

围绕花盆大大小小的陶罐随意摆放在地面，古朴、自在，让人心情随之放松。从院子中间的石门框步入古宅外堂，只见"明训堂"三字牌匾高悬堂中，徽宅的大气跃然眼前。外堂左侧则改造成了一间温馨的茶室，木制的茶桌茶椅增添了空间的文化气息。外堂右侧则变身一间既有徽派房屋特色，又有现代起居设施的客房，卫生间、大床、各式各样的水晶灯等现代化设施使整个客房便捷、温馨、漂亮。

明训堂外堂二楼被主人设计改造成数间客房，客房中间则为一间文化间，客人可以在此磨墨、写毛笔字，体验徽州文化精髓。内堂的二楼则类似于休闲茶座，三楼为古香古色的休闲书吧，坐在古朴的书桌上，对面青山绿树映入眼帘，虫鸣鸟叫相伴，设计者归隐自然的内心表达由此呈现出来。

明训堂改造耗时1年多，修缮后有房间16间，其中风格不同的套房12间、工作间和餐厅各一间、棋奕室和静心阁各一间，公共区间七处（悠闲茶吧二处、休闲书吧二处、商务功能区一处）。此宅既保留徽派老宅的形神，又有机融入了一些现代化的元素，二者相得益彰，毫不矫揉造作，称得上是文化度假宅院设计的成功之作。END

1	3
2	4 5

1　世德堂茶室

2-3　世德堂花园

4-5　世德堂餐厅

```
1 2 │ 4
3   │ 5 6
```

1	偏院
2	细节
3	灶台版壁炉
4-6	**客房之间设立的公共文化空间**

1	4
2 3	5 6

1　明训别院餐厅

2.3.5　客房

4　明训别院二楼茶室

6　走道窗口

富春俱舍走马楼
ZOUMA LOU

摄 影	唐煜
资料提供	阿科米星建筑设计事务所
地 点	浙江富春江七里泷
面 积	464m²
设计单位	阿科米星建筑设计事务所/庄慎、任皓、唐煜、朱捷
设计团队	唐煜、姚文轩、蒋卓希、黄莉敏、杨毓琼、陆津硕、梁博
合作单位	上海源规建筑结构设计事务所
项目类型	酒店/改造
竣工时间	2014年

　　沿着黄公望名作《富春山居图》所描绘的富春江水随舟而行，不多久，就是富春俱舍酒店的所在地。在这个由5栋别墅和2个小独院组成的设计酒店中，有着150多年历史的"走马楼"则给建筑师的改造提出了个难题。

　　这栋典型的四合院式徽派老宅，原本是由其他地方移建而来，由于位置正处码头，因此被改造为接待厅和酒廊。然而，在整体规划中，老宅的占地面积非常小，并且，位于宅院中心的天井占据了不少空间。经过多次论证，我们最终的设计方案则是在天井中设计一个局部可以开启的"伞形"独立装置，以此来回应改造老宅过程中出现的空调密闭性、雨水收集、采光通风等等一系列问题，并且有效地利用了原本只是"空间"的天井部分。

　　"伞形"装置，并非只是为了解决问题，它下方开放出来的空间用于摆放沙发座，也兼具造型的功能。同时，老宅特有的"雕梁画栋"，亦可透过"伞"而得到清晰地展示。在使用过程，建筑的价值被充分体现，更为重要的是建筑和人的互动而产生出更多的情感交流。这与过去人们经常会修补陶器后把玩于手的道理是一样的。

　　建筑师们希望这样的老建筑尽量能地被使用，而不是单纯地作为被"供奉"的对象。▣▣

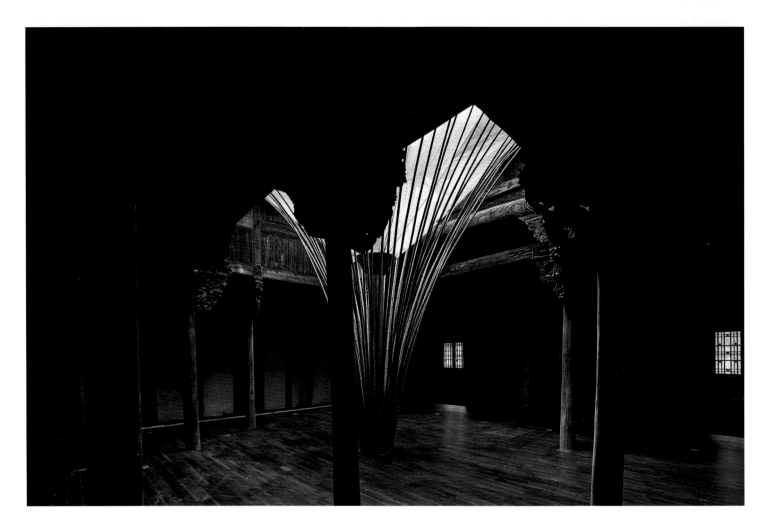

1-2 "伞" 形装置

3 轴测图

4 "伞" 的结构图

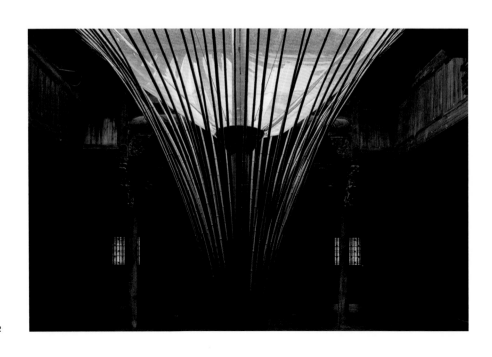

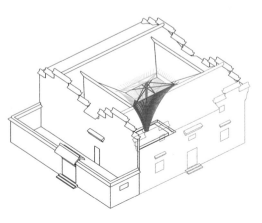

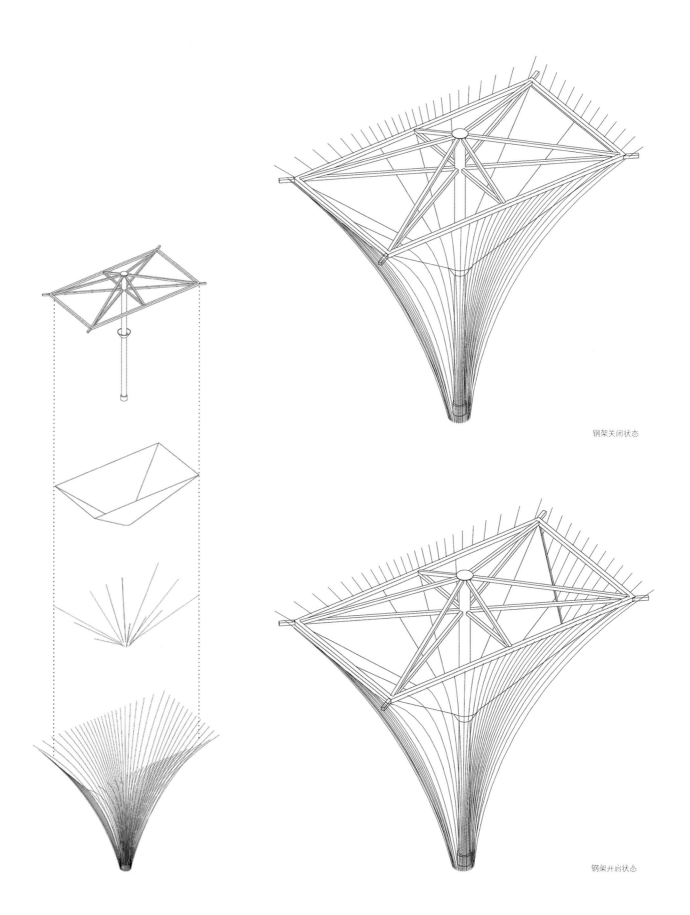

钢架关闭状态

钢架开启状态

孙天文：
设计信息传达论

撰　文	王萌、宫姝泰
采　访	宫姝泰
资料提供	孙天文

孙天文

室内设计师，生于1966年7月，吉林长春人。

高级室内建筑师，中国建筑学会设计分会第十三专业委员会副主任中国建筑学会室内设计分会理事，黑泡泡建筑装饰设计工程公司总设计师。

著有《当代建筑与室内设计工作室实录》、《北京家居》，作品曾多次收录于《中国优秀青年室内设计师作品集》并多次发表在《室内设计与装修》、《中国室内设计年刊》、《中国室内设计大奖赛优秀作品选》等国内学术刊物。

ID =《室内设计师》

孙 = 孙天文

ID 您从小就是一个兴趣爱好广泛的人，在这之中有什么令您印象深刻的经历吗？

孙 小时候家附近有个湖，一天与一个同龄的伙伴一起去游泳，当时我们只能游 30m，而那些比我们年长的孩子就能横渡湖面，我们斗胆凭着大孩子借给我们的汽车内胎当作泳圈尝试了下，居然成功了；回来的时候，我们意识到推泳圈消耗的体力更大，谁知还掉泳圈以后近 500m 的距离我们也很轻松地游了回来！之后跟其他同龄人提起，谁也不相信我们能横渡这个湖。再次试验，结果没想到一群本来只能游 30m 的小伙伴全部横渡成功。这事给我的触动很大：做一件事最大的困难是你自己制造的，只要下定决心一直往前走，困难没有想象中那么大。这也让我想起来以前看到的一篇报道，1952 年费罗伦丝·查德威克横渡加州海峡，但恰好遇上了下雾，她游到实在游不动了，就让人把她拉上了船。后来经测量，发现如果当天不下雾的话，那个位置已经可以看到对岸了。这样结果就会完全不同。人在最后一刻无法坚持，往往是因为看不到希望。

ID 室内设计由"装修"转变到对空间的处理，有一个过程，您是在什么时候发现兴趣从平面转向"空间"的呢？

孙 刚开始我的室内设计项目非常少，于是就在广告公司进行平面设计。直到有一天我突然看到一张图片，是一个异形的水杯，一个垂直的切口弯成 90° 后往上旋转一周，最后又回到了切口的另一个点。看到这个我异常地兴奋，觉得比起平面设计，空间设计会更加复杂、更难以想象，也更加适合我。那一刻我突然就觉得要回到室内设计上来。

开始研究空间构成是 20 世纪 90 年代中期，当时设计师正关注界面造型。为此我经常引导客户：一面墙的左边有一个造型或者一幅画，墙的右边有一个缝隙，透过缝隙可以看到另外一个空间。其中最吸引你的是哪一部分？其实与造型相比较而言，一个通透、有趣的空间是充满神秘感的，也更加吸引人。

所以我的初期作品呈现出简约的风貌，而简约的前提是空间的丰富。

ID 2002 年离开长春到苏州，在实践中您逐渐对设计有了不同的认识，提出了"设计是传达信息"的观点，你注意到信息的传递是怎样的起因呢？

孙 那是 2004 年我还在金螳螂的时候，做了太湖天阙的样板房设计。整体风格个性鲜明、夸张，甚至有些过分。今天再回头重新审视，感觉丝毫没有家的温馨感，但在当时我没有像现在这样清醒地意识到设计语汇和传递信息之间的微妙关系，虽然在当时获得了一定的成功。建成之后业主告诉我"其实我最初并没有想用你，因为你的价格太高，后来看到你戴的那副眼镜，我就开始相信你一定能够给我设计得非常酷。"而我仅仅是因为这副眼镜的个性与我的性格相符所以选择了它，没想到它也会把我的个人信息透过造型传递给业主，在业主心中产生了奇妙的回响，从而给我带来一个大胆挑战的机会；更重要的是它帮助我打开了一扇思考的大门，一扇研究设计除了形式、功能之外的另一种语言的大门。

ID 那您感悟到设计上信息的传递和设计心理学以后，又是一番怎样的经历呢？

孙 自从开始悟道设计心理学之后，有很长一段时间我感觉不会做设计，因为它太虚无缥缈难以把控。记得有一个案例，面积为 6 000m² 的餐厅，主创设计师做了一个很酷很有创意的立面。从形式上来看似乎很有新意，但直觉告诉我方案不妥贴。于是我将这个很有设计感的立面和一个很常规的大餐厅立面并列在一起，请公司其他设计师辨别两个立面分别是什么功能？常规做法的立面大家一眼就确认是个餐厅；但那个炫酷的立面给大家的印象是会所之类很隐蔽很私人的空间。问题的核心在于如果一个大餐厅却被人当成是私密的、不对外开放的场所，如何吸引客人？业主的盈利模式该如何建构？那时候我就开始注意反思设计传递出来的信息。

ID 您注意设计中信息的传达，可以说是一个非常独特的视角，这是否和您对设计有独特的理解有关？

孙 著名的丹麦诗人皮特·海恩这样说过：设计在于解决问题，当人们在解决问题以前是不可能有什么模式的。问题的形成即是答案的一部分。

设计的过程即是解决问题并创造新问题的过程。在这个过程中，我们解决了旧有问题，同时又带来新的问题，然后在解决新问题的同时又继续创造着问题，这是一个无限的循环，但是，问题的高度是有着本质的区别的。

与国家的野心和企业的野心相比，室内设计更接近于个人行为。企业作为消费时代的战略而追求表面的差异，因此促使社会产生了多样性的设计。就是说设计师在通过自己特殊的语汇来表达他个人对于设计理解的同时，企业作为差异化战略也在选择个性化的设计。这两者的结合，使得各式各样的设计甚至具有挑战性、颠覆性的设计都已经成为理所当然的现象，并通行无阻。当然这不能说是坏事，随着经济的迅猛发展，各种风格如同雨后春笋般的涌现出来，以迎合社会各个阶层的不同需求。人们可以借此重新获

得造型的趣味、色彩世界的魅力以及装饰的魔力，这在过去都是被现代主义视为禁忌的。但是，喧嚣过后，留下的仍是头脑冷静、脚踏实地的社会。设计的内涵，除了争芳斗艳之外，还有它所需要传递的独到的信息，这一点我们是否给予了足够的重视了呢？

不论我们如何做设计，最终我们都会传递一种信息。问题在于我们是否审视了我们所传递的信息是不是我们想要或者应该传递的呢？然而可悲的是，太多的设计师只对设计本身感兴趣。所以，我们是否应该思考一个更为本质的问题：设计，其本身是目的，还是达到目的的手段？

一间深藏地下且灯光昏暗又密不透风的会议室充满安全、重要以及神秘感；一间四面玻璃窗外草坪环绕、阳光明媚的会议室则会增强人们轻松的情绪以及做事的信心；一间建在风光险要且异常俊美的山峰之巅的会议室，放眼望去山舞银蛇原驰蜡象的视野则会大大提升人的气魄和胸怀以及强烈的征服欲，鼓励人们高瞻远瞩、放眼世界；而一间由残败的建筑、破损的家具以及摇摇欲坠、忽明忽暗的花灯所组成的会议室，会严重消磨我们的乐观态度与意志力，我们会忘记曾经拥有的雄心壮志或是感觉精神焕发、满怀

希望的所有理由。这就是环境对行为所产生的巨大影响。所以，我们在设计一间会议室之前，是否应该先思考一下这间会议室要解决怎样的问题。

一个丑陋的房间几乎能使任何一种针对生活的不完美而生的烦躁焦虑固定成形难以扭转，而一套阳光充足的居室则能为我们心中的期望增加信心。事实上，我们对建筑精神磁场的追求就是基于环境的改变会导致我们自身的观念以及生活方式的改变。这样一种观念，不论是好是坏，它都时时刻刻并潜移默化地对我们施加着影响。

ID 您在设计中对信息的传达有哪些有意识的应用呢？

孙 我们公司的设计师之间在沟通的过程中，经常使用这样的词汇：这个空间不欢迎，或者不够热情，或者在幸福与快乐之间再偏向快乐一点等等，这些方法都是从我们要传递的信息的角度来做价值判断的，很多新来的员工对此非常不适应。

去年我们为外滩的游艇俱乐部设计了一个建筑，业主的功能要求是接待婚宴用的，是临时建筑。在动手之前，我就要求我的助手把所有跟结婚有关的形容词罗列出来，比如说幸福、美好、纯洁、浪漫、真诚、无暇

等等；同时还有庄重、严肃、宗教、仪式、神圣、誓言等等，这些词汇中不乏矛盾，但又与婚姻密切相关。最终我的助手刘栋把相互矛盾又统一的词汇进行具象化表现成为如图（1）的状态，我想在这个作品中，我们所罗列的形容词都能够找到。

我们不仅要将建筑视为纯形式的物体，更要将其视为一种行为环境。不同的环境有着不同的社会规范要求：在夜总会可以被接受的行为在图书馆就显得格格不入，在快餐厅里可以接受的举止在正式的宴会上则冒昧无礼。图书馆和夜总会相区别的不仅仅是外观，它还有一种特定的结构秩序和形式使我们可以识别和阅读，它来自于人类和社会现象的更深层次的特征。如果设计师了解和学会了这种人类的空间语言，即推动事物向前发展同时又将环境足够清晰地标识出来，那么无论采取怎样的视觉形式，都可以使这项工作具有内在的可读性，他们的工作将更具外在的重要意义。

ID 我发现您对这些设计和感受性的问题有非常敏锐的触觉，您发现这些问题的诀窍是什么？

孙 敏锐取决于生活的用心程度。如果我们的用心程度不够，我们就会在无意中错过许多美好的结果。记得有一次在味千拉面吃饭发现，盛面的碗颜色重，会感觉味道偏咸，然后就开始着手研究影响味觉的因素有哪些。我曾跟一个台湾朋友吃饭，服务员上了一道菜，介绍说这是高山上的青菜。这个台湾朋友就问，高山是什么意思。服务员很诧异，又有一点不耐烦，说高山就是高山啊。台湾朋友很礼貌地说：我是想问，你说的高山是多高？因为每个人概念中的高山可能是不同的。之后我也在反思自己，如果没有这个朋友的话，我是否也会这样刨根问底呢？

ID 您自身设计过程深究的过程，能给我们举个例子吗？

孙 在建成的长春艾博丽思酒店中，原建筑并不是按照酒店功能设计，所以层高很低，电梯厅出口梁底只有 2m 高，一层吊顶后的净高也只有 3m。所以，我们在大堂最明显的地方设计了一款羽毛花灯，同时也作为从电梯厅的视线焦点，以此来转移人们对于层高不足的关注；在总服务台的地方，我设计了一个三层通高的共享，顶部的弧形一是为了加大透视，二是可以满足三楼走廊的宽度。大堂前台是嵌入型的，吧台前沿和共享空间上部的墙面是平齐的。在项目结束前做灯光调试的时候，很多人去参观，走到大

堂时都纷纷抬头，都被这个通高的空间惊艳了。我以为自己的设计目的达到了。之后有机会进行实地调研，问到是否大堂顶部吸引了客人的吸引力？服务员的回答大大出乎我的意料，她说没有人抬头看呀。是什么原因导致了这个结果呢？经过分析，一，参观的时候人是注意是在设计上的，但作为入住的客人，注意力却是在登记上。第二，嵌入式的前台打断了空间的竖向线条，本身颜色又很跳、吸引人注意力，反而把人往上看的视线打断了。如果我能像那个台湾朋友一样再深入一步、再问一句，这个问题就可以避免了、深入了一步，我们就又打开了一扇门。

ID 那您转向建筑之后的作品能给我们列举一二？

孙 这个案例是我在 2012 年给南京的一家酒店做的附属宴会厅，它体现了我最近思考的一些东西。

这个酒店占地 1500 亩（100 公顷），在南京的江北浦口区，基地比较空旷，建筑群是主楼和一些小别墅，有餐厅、露天温泉、室内泳池等等，功能上缺少一个大型的宴会厅。基地位置原来是一个卡丁车的场地，有坡度。我首先把这个地面做平，挖下去的部分土回填到建筑后面的竹林。竹子本来不够高，即使最高的毛竹也只有十多米，回填后就将竹林抬高，建筑的尺度也就相对降低了，同时也可以达到土方的平衡。

这个项目我们在开始定位的时候，就想做出一个天上人间、世外桃源的感觉，这种感觉就是东方而非西方的。为了更纯粹一些，我只选择了两种植物，一个是竹子，一个是桃花林。竹林一年四季都是绿色的，是永恒的，而桃花是有季节性的，这样就形成了强烈的对比，同时又能够给酒店营销提供方便条件，这一点是非常重要但又恰恰容易忽略的。当人从这条路进来的时候，一路上、转过来都是竹海，夹缝里面有个水池，水池上飘着一个建筑。因为桃花林是在标高低的层，一开始是看不到桃花的，你进到这里面之后才发现——这才有天上人间世外桃源的气韵。桃花盛开的时候是这种令人眼前一亮的景观，当桃花谢了长出叶子，整个就是壮观的一片绿海。

ID 为什么追求这样纯粹的景观？

孙 这涉及到我对东方性的理解。之前我曾经和设计师叶铮聊过，他的观点我非常赞同。东西方人观念有一个巨大的差别。东方人的观念是整体的完整性，一粒沙子、一棵油菜花或者一棵竹子，单独看的时候没有意思，而形成一片油菜花、一片竹子或者一片沙滩的时候，就显现出优势来了，渺小的个人在群体的集结中产生了价值。东方价值重视的不是个人的组织体系，不是单一体系自身的完整性，而是整个体系的完整性；西方人强调的则是自身体系的完整性。所以西方追求个人价值这一点与东方是有非常大的差异的。

ID 那您在建筑语言上运用是怎样的呢？

孙 虽然我希望建筑有东方气韵，但语言还是现代的。从上面看屋顶像折纸一样，是一种现代的手法。按照中国传统屋脊应该在正中间，左右对称，我特意让它偏了一点，以

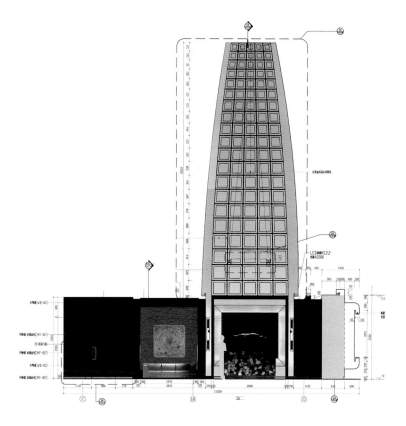

人
物

I | 2
| 3

I-3 艾博丽斯酒店

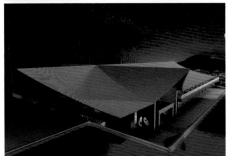

此来换取轻松感，让人们在度假的过程中能够彻底松弛下来。

从商业角度来说，价格和价值是两码事。这一点在这个项目中我们就做了非常深入的研究。空间构成这个应该很有趣。水池下面靠近桃花林的一排都是会议室，桃花林中一个独立的小房子也是会议室。通向这个独立小房了的是一个露天的廊道，入口只有一个门和门框。正常门框两边应该有墙，但这里我用一条护城河式的水池代替了它。水池抬腿就能迈过去，宽度不能阻止人跨越；后面是草坪，也没什么阻碍。门框里面还有一个门，门内有一条有铺地的通道，通向那个独立的小屋子，两侧就是水池后的草坪。我觉得这个设计有点儿像宗教、道德，你从水池上迈过去也可以，但是还是希望设计暗示规范人们的行为。

会议室的顶有一侧拉得特别低，为这个方向会议室提供全新的一个采光视角。另一面会议室的檐口则正常的一个高度。所以这间会议室是三面玻璃，而其他的会议室是一面玻璃三面墙。从室内装修的角度来说，玻璃窗的投资是属于建筑上的，三面玻璃安装后，室内只要安装帘子就可

以了，成本很低，而其他的会议室由于墙面的面积大，需要装修的投入自然也多。我问了很多业主，如果要你选择会议室的时候你会选择哪一间？结果是都会选择玻璃多的一间。如果大家都选择这一间的话，这间会议室就一定是最贵的。所以，成本、价值和价格之间是没有直接关系的。价格是客户内心认可的消费额，与企业的成本多少是没有关系的。比如苹果手机手机成本多少我们都不知道，不是电子行业的人甚至一点概念都没有，但消费者就是认可它，愿意为它消费。

ID 您怎么看中国设计行业的现状？

孙 科技、通讯的发达使我们每天都生活在信息的海洋之中。排山倒海般涌向我们的信息使得我们如同一个十几岁的少年，几乎一夜之间，我们就从过去的一无所知变成了如今的知道得太多，感觉脑子塞的太满同时却又空空如也。我们交流的方式越来越多，而真正想说的话却越来越少；信息革命到来时没有说明我们应该如何利用这些信息；世界上所有的数据也不能教会我们如何筛选数据；同样也无法告诉我们怎样才能更加恰当地处理图像。

1-4 南京大吉

5-6 味见——日本餐厅

　　时代向前发展，并不一定就代表文明的进步。创造力的获得也并不一定要站在时代的最前沿。我们与其裹挟其中，随着时代盲目地一同滚滚向前，倒不如停下来，屏蔽这个世界的喧嚣以及放下外部的各种诱惑，静静心，侧耳倾听这个时代的哀声：我们的设计到底出了什么问题？

　　由于社会快速发展所带来的喧嚣浮躁的日渐汹涌，使得今日人性化以及情感化的设计如同沙漠中的绿洲一般凤毛麟角。在今天这个拥有丰富的材料、多彩的形式以及先进的工艺技术、雄厚的资金投入的时代面前，实现自己设计梦想的可能性已经远远超出我们的想象，所以我们是富有的同时也是贫穷的这一事实，应该促使我们平心静气地反省与深思。

　　作为一个设计师，我非常清醒地认识到，设计是一项极其复杂的工作，尤其在中国，设计之路走起来是更加的艰辛和无奈。

设计师在设计过程中的地位十分尴尬，必须在现实与理想的夹缝中游走并从中寻求一种平衡，必须在迎合权利与审美追求的冲突中小心翼翼地寻求自身的生存与发展。我们要解决功能问题，要解决美观问题，要解决技术以及法律规范的问题，除此之外还为那些资金匮乏，常常改变我们想法并希望明天就要建成的业主兢兢业业地服务！但是，设计话语权的丢失有时是基本的甚至是无意识的设计语言在如此仓促的设计过程中难以成为有力的呐喊所造成的。

　　在设计的过程当中，从设计是会开口说话的这样一种观念出发，可以帮助我们关注并审视我们的设计所散发的精神磁场应该是什么从而确定它的模样，这与我们想要它看起来是什么形式有着本质的不同。从这个角度出发，才能使那些不约而同的为了创意而创意，或为了获奖而设计的设计师们明白形式、创意只是手段而非目的。　**END**

方所书店成都店
FANGSUO BOOKSTORE IN CHENGDU

摄　　影	朱志康
资料提供	朱志康空间规划+方所
地　　点	成都市锦江区春熙路街道中纱帽街8号（成都太古里）
面　　积	5 508m²
主设计师	朱志康
参与设计	贾璐、黎流针、黎合
设计公司	朱志康空间规划
主要材料	铜、黑铁、磨石子、混凝土
设计时间	2013年10月~2015年2月
竣工时间	2015年2月
公司网址	www.kang.com.tw

　　做书店在设计师朱志康看来，不仅仅是一个项目，而是一个埋藏了14年的梦想。早在2000年最早接触书店设计的时候，这个想法便萌芽而生。对于做设计的人，一辈子能够做一件对社会有贡献的项目，是非常了不起的事情。所以当方所找到他时，双方便毫无异议地确定了合作意向。

　　设计师的一稿提案"藏经阁"概念，一经提出便获得认可，并且在整个14个月的进程中，这一概念从未改变。在项目初期，没有人知道成都方所该是什么样子的，业主只提出希望与成都有关。为此，团队做了细致的调查。他们发现了基地的大慈寺与唐三藏有着千丝万缕的关联，也发现了四川人对"窝"和"摆"的情感。中国人早在千年前就为了寻找古老智慧而不辞劳苦，获取经书，而经书和书店都是智慧的宝藏。设计由此就联想到"藏经阁"这个古朴的概念。书代表的高深的无法想象的寓意，所以空间该有圣殿般的庄重；四川人生活闲适，喜爱交流，因此便生成了随处可以看书的小空间和咖啡交流的场所，两者分别对应的就是"窝"和"摆"的生活态度了。

　　法无定法。对设计师来说，每一次的设计都是创新，这不仅是兴趣所采，也是他一贯设计的手法。"藏经阁"的想法已是满心满意的倾注，而当完美主义遇到梦想家，事情变得愈发充满挑战。为了让现场更有张力，让作品变为传奇，前后修改了50多版本，投入了三四倍的人力物力。天道酬勤，功不唐捐，苦心与巧思终于合力打开了突破的出口。在藏经阁的基础之上，设计师认为书应该收纳古今中外的历史和智慧，根植于人类已知的世界，求索未来。所以在整个空间里运用了星球运行图、星座元素来增加浩瀚的宇宙视野。同时，为了注重人在其中的感受，形成沧海一粟的巨大对比，增加了陨石造型的方舟雕塑。又运用高压后释放的手法，让人体会通过神秘隧道进入时空的感动。从100分到101分，这1分才是完美的最好诠释。

　　历时14个月，方所项目完成，设计得到了使用者的认可，个中艰辛冷暖自知。对此，设计师坦陈，这个职业其实是做帮助梦想家实现梦想的实践者，所以设计的好坏多半与梦想家的梦有多大相关。对这次创作设计师充满感恩，因为这不仅仅是方所的梦想的实现，也是自己一直以来的愿望的达成。■END

| 1 | 4 |
| 2 3 | 5 |

1　设计意象手绘
2　镌刻星座图的外立面
3　入口扶梯
4　"隧道"扶梯
5　平面图

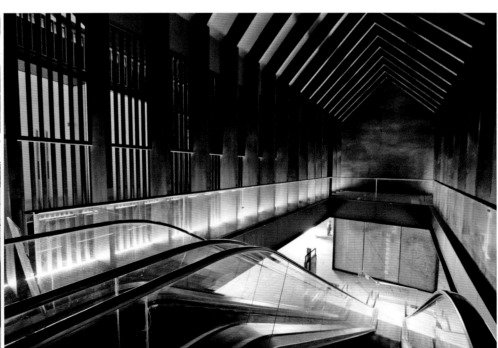

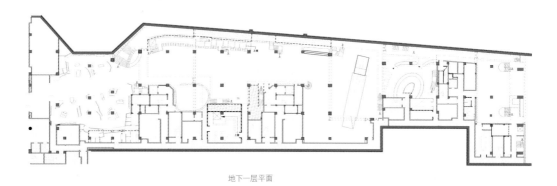

地下一层平面

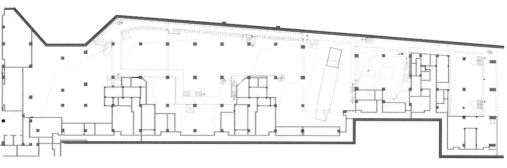

地下二层平面

1		4
2	3	5

1　置身"隧道"

2-3　书店内部陈列

4-5　壮观的支撑柱列

1　书店夹层

2　支撑柱与管道

3　细部质感

松江名企艺术产业园区
SONGJIANG ART CAMPUS

撰　　文	袁烽
资料提供	上海创盟国际建筑设计有限公司

地　　点	上海市松江区泗砖南路
面　　积	15万m²
建筑师	袁烽
设计团队	上海创盟国际建筑设计有限公司
建筑设计	韩力、孟浩、顾红兵、孔祥平、王欧、张向军
结构设计	李俊民、刘宇宏、周军
业　　主	上海万居德实业有限公司
竣工时间	2015年

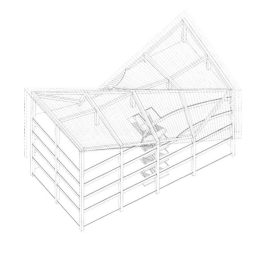

项目地处上海市郊的松江区新桥镇，如何回应地方性文化特色以及塑造新的城市空间特色成为构思的起点。松江作为上海历史文化的发源地，如今却因过速发展而呈现了文化真空状态，大规模的无序开发、均质无效的公共空间和缺乏特色的公园绿地……

名企艺术产业园区的构思试图通过创造步行街区与均质绿化体系的系统融合，整理空间布局关系。紧凑式的道路布局可以实现亲近的空间布局与邻里关系；同时，组团绿化编织了场地的基底，我们尤其注重发掘场地上现有河流与场地的对望关系，塑造水景、绿化与建筑相互交融的新场所精神。景观系统作为整个项目稀缺但又重要的元素，被我们作为基础设施来系统化地思考整个项目。景观基础设施将交通、景观、服务实施相互串联，创造出了不同单体建筑的独特价值，实现了"水景"、"园景"、"街景"等多重的景观意义。

整个项目地处上海，必须回应的是高密度和高容积率的问题。建筑单体的设计尝试创造多层高密度的混合型产业园区。在项目开发初期，甲方并未明确园区的具体功能。我们通过概念策划将办公、艺术家工作室、艺术交流等功能组拼成一个具有一定混合度的社区。一方面，设计通过单元体空间原型的创建，在基本空间柱网的控制下创造了灵活组合的可能，益于邻里交流的复合空间体实质是建立在非常基本的空间原型上的；另一方面，园区内规划沿街商业空间提供相关

服务、收藏、交易等多元化商业功能，形成了园区对外的窗口。各个单体又具有各自的独特意趣，露台花园、退台景观和独门院落等各种不同的空间与景观结合的方式既提升了各个艺术单元自身的魅力，同时也使得艺术家进驻时各取所需，为其艺术活动提供不同类型的空间支持。这样通过基础功能空间的原型组合和空间规划，实现了产业园区产业链的良性组合，为今后的发展提供内在的可能。

在单体建造方面，我们重点考虑的是降低成本材料及如何与数字化设计相结合。因此我们在设计中采用了直白的几何逻辑理性，通过简洁的构造方式，实现了传统材料的当代价值。通过对梁、柱、板等基本建筑元素的细节化处理，让结构直接呈现出建筑的本真之美。红色页岩砖、玻璃和混凝土等材料彼此真实反映了建造关系，营造出了一种朴素和简洁的整体性氛围。通过数字化设计手段重新使得传统的红砖砌筑焕发出新的魅力，传统的"丁-顺"砌法通过非线性的逻辑而加以重构，简单的定位与控制方式让工人通过简单的学习就可以加以营造，这也进一步控制了项目成本。入口会所屋顶利用有力的几何逻辑创造出了独特的空间景观效果，屋顶朝着人们接近园区的方向扭转与翘曲，反宇向阳，随着不同的观察位置，屋顶的翘曲与天空的关系也不断变化，同时直纹曲面的几何关系也使得钛锌板的铺设实现了精确的操作。[END]

I-2　外观
3　透视图

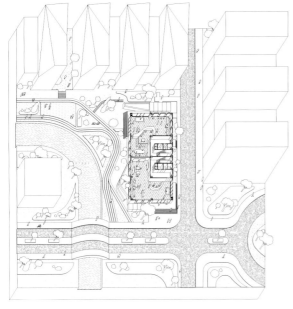

一层平面

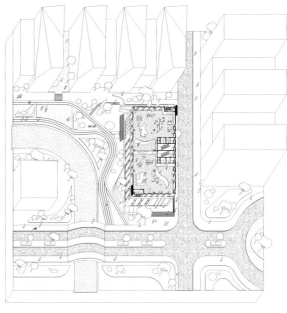

二层平面

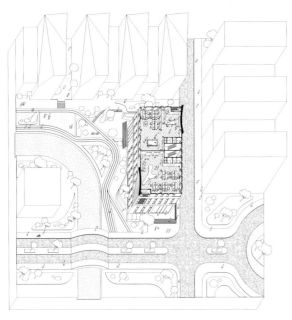

三层平面

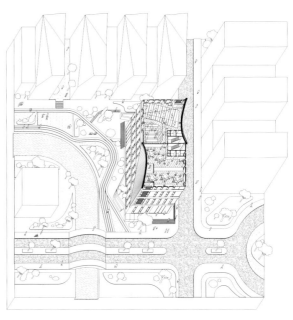

四层平面

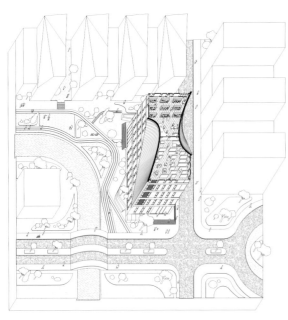

五层平面

| 1 | 2 |
| | 3 4 |

1　平面图

2-3　建筑外观

4　设计概念

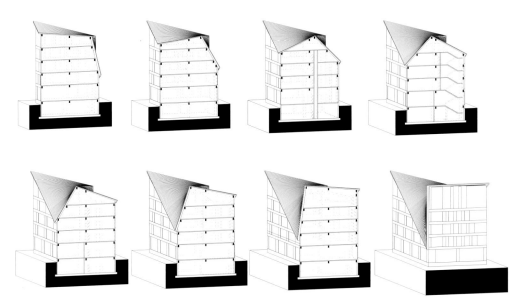

		3
1		4
2		5

1-2　园区外景

3.5　画室

4　剖面图

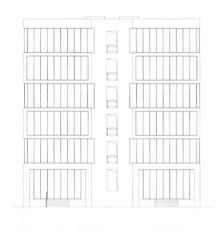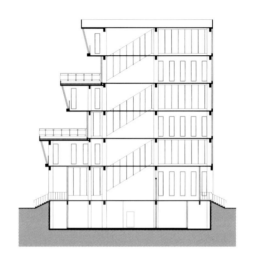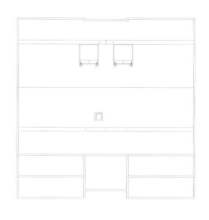

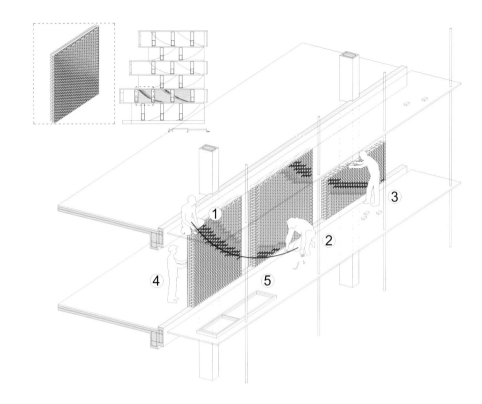

| 1 | | 3 |
| 2 | | |

1　建造步骤

2　立面

3　墙面细节

秦淮问柳
TEA LIFE

撰　文	八路
摄　影	金啸文

项目名称	问柳菜馆
地　　点	南京老门东历史街区
面　　积	1 439m²
设计单位	南京名谷设计机构
软装设计	蜜麒麟陈设组
设 计 师	潘冉
主要材料	瓦片、白灰泥、竹、砖细
竣工时间	2015年3月

秦淮问柳
TEA LIFE

| 1 | 2 |
| | 3 |

1 二层过道
2 天井
3 一层服务台

昔日秦淮，有三家老字号的茶馆，俗称"三问"茶馆。其名分别取自问渠，"问渠哪得清如许，为有源头活水来"；问津，"使子路问津焉"；问柳，"问柳寻花到新亭"。"三问"大约建于明末清初，是文人墨客聚会、商家巨贾谈生意的常往之地。本次设计对象，恰恰是以兼制活鲜菜肴闻名的"问柳"茶馆。

现代的中国越来越重视对有历史人文价值的古建筑的维护，欣喜感动背后亦夹杂着复杂情绪。鉴于设计周期和市场环境的现状，当代很多此类实践如同大批量生产雷同形式的机器，为了表面的创造性，设计师往往选择把传统建筑的形式碎片贴在单调空间的形式表皮上，以表达其设计属性，看图说话般地展示设计意图。时而久之，繁彩寡情，味之必厌。真正严肃地从中国传统精神出发，隐忍含蓄地使用中国式语言的作品凤毛麟角。"问柳"夸而有节，饰而不诬，恭敬地表达着空间营造者谦卑的诚意。

听雨看荷，第一重天井结合门厅设置，此处为故事的序章，洗净街市喧哗，让来客的心境缓缓沁入建筑内部安宁的环境氛围。随着步步深入，第二重天井展现于眼前，它位于堂食厅的核心，是整栋建筑的心脏。一层空间的排布、二层包间的布置皆为围绕天井层层展开。天井的设置反映出中国风水流转的轮回思想，同时帮助建筑破除空间死角，为内部环境争取到充足的空气和光线。东西南北任何朝向空间都接受阳光沐浴，光线作用在古典建筑构造上，衍生出美妙的艺术效果。结合中心天井设置的琴台是展现地域艺术的舞台，阑珊灯光映照一池眠水，焕发出濯清涟而不妖的淡雅从容。设计中选用了瓦片、砖细、竹节、风化榆木等地域材料，最朴素的材料在当代工艺的精细研磨下，结合建筑本身的结构构造特点，对空间进行适当的润色。干净墙面摒除装饰，家具的选择与明清建筑气场匹配，每一件摆设在建筑内部都得以找到专属于它的位置。值得一提的是，这相对"空"的装饰空间里却存着满满的人文情怀。众多当代名家留下的笔绘作品、手工艺品、艺术品和建筑装饰与建筑本体紧密结合，营造出平和高尚的空间气场。时间、光线、故事在此流转融会、一气呵成。

觑百年浮世，似一梦华胥，信壶里乾坤广阔，叹人间甲子须臾。恰似那秦淮河边"三问"，眨眼间白石已烂，转头时沧海重枯。暂不问重建、移建与改建，只当把握住这短光阴，若能息得心上无名火，把酒临风，荣辱皆忘有何难处？ ▣

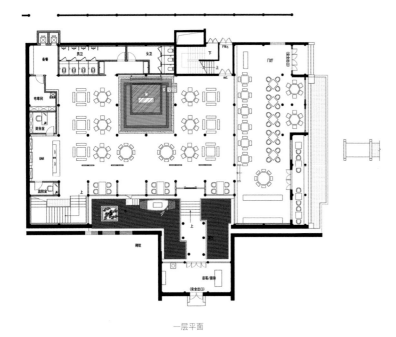

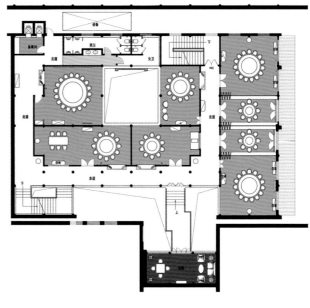

一层平面　　　　　　　　　　　　二层平面

1	2	
3	4	

1-2　平面图

3　茶室

4　白酒坊包间

1	2	4
3		5

1　洗手区

2　门厅局部

3　二层公共区

4　问柳园包间

5　市隐园包间

食在意林中
BANU CHAFING DISH

摄　　影	孙华锋
资料提供	鼎合建筑装潢设计工程有限公司

项目名称	巴奴火锅
地　　点	郑州市王府井百货四楼
面　　积	1 210m²
设计单位	河南鼎合建筑装饰设计工程有限公司
主创人员	孙华锋、孔仲迅
参与人员	李西瑞、杨春佩
主要材料	老木板、做旧钢板、硅藻土、布纹玻璃、红色烤漆玻璃、仿木纹砖、灰麻石材
设计时间	2014年5月
竣工时间	2014年12月

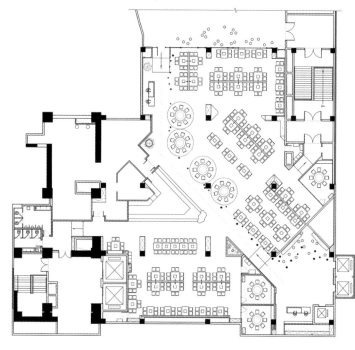

1　等候区

2　餐厅

3　平面图

　　火锅是中国老百姓最喜爱的食品之一，火锅的种类繁多，但麻辣火锅无疑是其中最受欢迎的。毛肚火锅起源于过去长江边的纤夫，后人除了品尝美食可能大多已不知所以。

　　如今各地的火锅店如雨后春笋遍地开花，各种名头叫卖不乏其中，而社会的高速发展，令人们除了美食之外更加注重环境，便利，理念……

　　巴奴毛肚火锅的改造首先体现对顾客服务就餐的舒适，关怀，人文的全面提升。良好的就餐环境让人们欢乐围聚，流连忘返，适宜的尺度，贴心的细节让每一位顾客宾至如归。其次是空间的阐释，对顾客对社会对巴奴，其精神、意念、期许始终贯穿其中。巴山蜀水大写意的等候区，岩石，树林，群鸟……自然的分区意境的展现抛

去了等候的焦躁，多了一份思绪多了一份美念；大红的色彩多了一份欢乐多了一份寓意；高挑的马灯，林立的树木，时间的流逝，年轮的大小，让人茶余饭后多了份感慨多了份珍惜；大尺度的墙画交流由此开始……

　　在此关注的不只是衣食住行，更多的是家人、朋友、快乐、欢笑…… END

1 | 4
2 3 | 5 6

1-4　餐厅大堂
5-6　局部

绽放之屋
BLOOMING HOUSE

撰　文	尹袚痛
摄　影	Sergio Pirrone
资料提供	韩国金孝晚建筑师事务所

地　　点	韩国首尔
基地面积	353.92m²
建筑面积	167.88m²
绿化面积	441.69m²
建 筑 师	HyoMan Kim-IROJE KHM Architects
设计团队	KyungJin-Jung, SeungHee-Song, SuKyung-Jang, JiYeon-Kim
功　　能	住宅
结构工程	Concrete rahmen
外部施工	铝板，清水混凝土
室内施工	漆，清水混凝土
竣工时间	2014年初

1 鸟瞰

2 内庭花园凉亭

3 入口

这个项目在韩语中叫做"Hwa Hun"，意思是"像花朵一样绽放的住宅"。业主在提出要求时特别强调他对这座居所最重要的要求，"回归自然一般的生活"。这种最朴实却又在日渐隔绝的城市生活中愈加难以达到的要求，让建筑的设计含义层次丰富，设计者也通过更加不同寻常的演绎，让建筑体现出超越功能性的反思。

拓扑在希腊语的词根里原意就是"地形学"，建筑的地形代表了人类对于空间形象和结构的最初认识。回归自然的本意打碎了被横平竖直的正交坐标系所规定的立方体构型，不规则的场地和陡峭尖锐的屋顶形态却是由此而生。基地坐落于首尔市中心，与城市地标的北汉山相望可见。基地形状为不规则的多边形，建筑的平面是为了使土地得到最大利用。配合基地的本来形状，设计师在处理建筑形体时也采取了多棱和斜线的构图，使用了陡坡和尖角。为了与周围的山形地势相谐相峙，设计者将这所住宅定义为"建筑之丘"，这种理念同时也契合了业主对于"居于自然"的要求。建筑所有外向的空间都被绿色植物覆盖：建筑中设置了多个不同标高的小花园，外庭花园、内庭花园、阶梯式花园、跌水花园、屋顶花园，而且这些垂直花园互相勾连，共同连缀成一条包围整个住宅的绿环。总而言之，这所住宅中所有的内部空间都被绿意包围了。

除了面向道路的立面，其他所有立面的建筑表皮都被覆盖上了绿色植物，并且用多种果树穿插填空。这样整个建筑成了一个有生命的有机体，成了一座可以绽放的屋宇。随着时间的流逝，果树和绿植开花、成长，在其中的这个家庭也生活、作息——这是建筑对于回归自然的演绎。 **[END]**

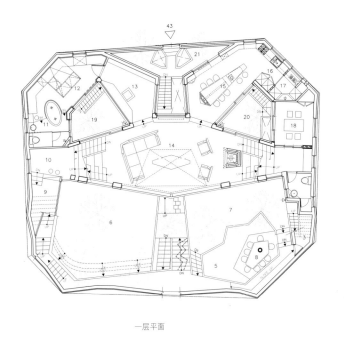

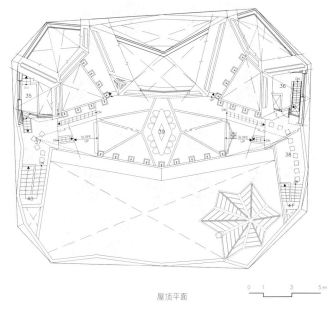

一层平面

屋顶平面

0 1 3 5m

1 车库	12 主卧 -1	23 入口门厅	34 儿童卧室 -2
2 犬舍	13 书房 -1	24 主盥洗室 -2	35 阁楼 -1
3 储藏	14 起居室 -1	25 化妆室 -2	36 阁楼 -2
4 下沉花园	15 餐厅 -1	26 主卧 -2	37 屋顶花园 -1
5 水池	16 厨房	27 书房 -2	38 屋顶花园 -2
6 主花园 -1	17 功能房 -1	28 起居室 -2	39 屋顶花园 -3
7 主花园 -2	18 卧室 -1	29 餐厅 -2	40 阶梯花园 -1
8 凉亭	19 内庭院 -1	30 厨房 -2	41 阶梯花院 -2
9 健身房	20 内庭院 -1	31 功能房 -2	42 正门
10 多功能房	21 服务庭院	32 卧室 -2	43 次门
11 主盥洗室 -1	22 入口	33 儿童卧室 -1	44 次门

1	4
2 3	5

1　平面图

2　内庭花园一隅

3　角窗

4　阶梯花园

5　从卧室看北汉山

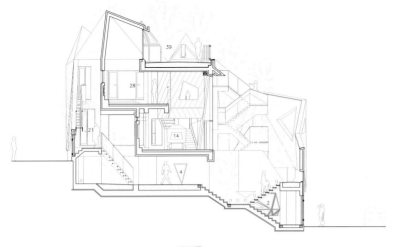

纵剖面

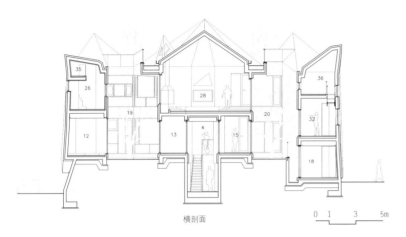

横剖面

0　1　　3　　5m

1	车库	12	主卧 -1	23	入口门厅	34	儿童卧室 -2
2	犬舍	13	书房 -1	24	主盟洗室 -2	35	阁楼 -1
3	储藏	14	起居室 -1	25	化妆室 -2	36	阁楼 -2
4	下沉花园	15	餐厅 -1	26	主卧 -2	37	屋顶花园 -1
5	水池	16	厨房	27	书房 -2	38	屋顶花园 -2
6	主花园 -1	17	功能房 -1	28	起居室 -2	39	屋顶花园 -3
7	主花园 -2	18	卧室 -1	29	餐厅 -2	40	阶梯花园 -1
8	凉亭	19	内庭院 -1	30	厨房 -2	41	阶梯花院 -2
9	健身房	20	内庭院 -1	31	功能房 -2	42	正门
10	多功能房	21	服务庭院	32	卧室 -2	43	次门
11	主盟洗室 -1	22	入口	33	儿童卧室 -1	44	次门

1	3 4
2	5 6

1 剖面图

2 餐厅与厨房

3 室内楼梯

4 起居室

5-6 盥洗室

Mortgage Choice 办公室
MORTGAGE CHOICE WORKPLACE

撰　　文	尹袯痛
摄　　影	Peter Clarke
资料提供	b.e.architecture事务所

地　　点	澳大利亚墨尔本 South Yarra
面　　积	130m²
设计团队	Broderick Ely, Jonathon Boucher, Andrew Piva
竣工时间	2014年末

　　Mortgage Choice 是一家历史悠久的金融信托机构，百余家分支办公室遍布整个澳大利亚洲。这家位于 South Yarra 的新分支事务所想要在这个大型金融服务网中创造出一个独树一帜的空间感觉以吸引所有年龄段的顾客。

　　在追求精致的同时，这家事务所的办公室更像一个秉承舒适、放松美学的工作室，与一般的金融商务不同，它有一个开放区域，这个区域主要聚焦于两个被设计成独立家具的特制工作站，使用的钢材使它们所在的空间中心成为空间亮点。当私密性的需要要求单独分隔空间时，钢框架的玻璃隔断构成了一个行政办公室和几间气质休闲的会议室。玻璃的分割和玻璃上无规则的条纹，比起传统的钢窗细节设计，更多的是来自于织物设计的质感，这种处理在提供私密性的同时也保持了空间内开放的感觉。

　　装饰和家具的选择则是做了一个较为折衷的混合，与其说这里要创造传统金融空间的奢华，不如说是想实现一个令人难忘的空间。灰色的墙壁，深色木材细木工和毛绒的丝绸地毯营造出丰富质感的背景。家具，各种不同的收集各色丝绒、皮革、木材和熏黑钢，感觉好像经历了时间的打磨而韵味醇厚。照明温暖而微暗，可调节的照度提供了独特的光线口味而更显得亲切开放。对艺术品的选择进一步强调了在这个细节上的匠心独运——鼓励客户们在这个空间更加放松、自如。

　　一个更为放松的空间设置联系着当今年轻的澳大利亚文化，Mortgage Choice 金融 South Yarra 分支事务所体现了常见商务模式的另一种可能，一个今天、当代的金融公司。

1	2 3
	4

1.4　钢骨玻璃格栅在空间中

2　可调灯光带来宜人氛围

3　独立会议室

FINANCE
DEPT.
——

睿集办公空间
RIGIDESIGN OFFICE

资料提供	刘恺+Rigidesign|睿集设计
项目名称	刘恺+RIGIdesign办公空间设计
地 点	上海长宁区
面 积	250m²
所属类别	办公空间
设计团队	刘恺
设计时间	2014年11月
竣工时间	2015年1月

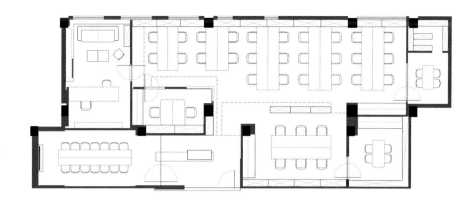

	2
1	3
	4

1 独立办公室
2 平面图
3 标识设计
4 入口前台

本案为刘恺 +Rigidesignl 睿集设计的办公室,设计师以"复杂的简单,彩色的单调"为空间定义,以此理念进行空间设计。

入口前台区域,以简单硬朗的黑色线条与几何图形的分层次运用,丰富空间感。大片的透明白玻璃以及白色透光膜灯,既保证了室内充足的照明需求,纯净细腻的空间质感也直观地展示着公司品牌形象。

会议室是在固有的空间意象中是一个正式、严肃的存在,但也因此给人约束感,为了消除以往对会议室严肃紧张的印象,让讨论真正能够打开头脑、集思广益,设计师将会议室顶部设计为简单的圆弧屋顶造型。配合会议桌上几何图形槽孔的趣味设计、地面木纹材质以及白色基调,为空间营造了更为轻松的氛围。

在空间处理上,由于本案位于的创意园区为原服装厂厂房改建而成,层高较高。设计师将部分顶棚露明处理,以便为办公空间提供开阔舒适的区域。而固定办公区域部分,吊顶以体块造型穿插堆积的手法进行,既完成了具体的区域划分,同时错落的吊顶为空间融入节奏感。

作为一个锐意创新的公司,新的办公主张呈现于新的空间主张。大面积使用质地柔软的黑灰色毛毡,让快节奏的办公空间传达出舒适与亲近感,并且与黑白色调的墙面对比,形成丰富的肌理层次。为了进一步将空间氛围柔和放松,体现出对员工的关怀和新一代年轻人的办公精神,设计以轻巧的书架作为隔断,加入适当的植物使得办公环境更加回归自然和舒适,提升空间的宜人感。

平面设计元素运用结合灯光设计,视觉效果丰富而充满个性,同时明确指示信息。空间中各具特色的摆设也统一在这个通亮明快的空间之中,放松的空间愉悦心情,适宜的照度也可提高办公的效率。

设计师的房间,容纳了快乐、烦恼,一段时光,一段日子。END

```
| 1 |   | 3 | 4 |
| 2 |   | 5 | 6 |
```

1-6 办公区设计一览

1		3
2		4

1-4 植物的运用使空间自然宜人

1—4 充满个人意趣的陈设

5 氛围轻松的会议室

OJO al DATA 临时展馆
OJO AL DATA EXHIBITION PAVILION

撰　文	白申冰
摄　影	Javier de Paz
资料提供	PKMN architectures

展馆设计	PKMN architectures
设计团队	Carol Linares, Alicia Coronel, Luis Solís
赞助商	MediaLab Prado Madrid.
设计时间	2015年

1 │ 2

1 从上方看展览模块的接线方式

2 展览主题

OJO al DATA 是数据实验室 Prado 开发的项目，目的是为了进行数据研究的可视化阐述。

展示区域上设置了 42 英寸的屏幕和 19 英寸的监视器，展示架的表面可以提供不同类型的端口进行有效综合搭接的平台，比如计算机指挥塔、硬盘驱动器，以及一系列包含展示需求数据的服务器，并且可以保证它们之间的信息交互。由于展台希望能够提供更广泛的展览服务并综合多学科，代理商的异质和高度的多样性也被考虑进设计。对大量且多品牌、多型号的异质素材和硬件进行综合兼容，成为设计最大的特点。

OJO al DATA 选择在工业设计上进行突破。在设置功能性模块时，对这一理念很好的阐述例子是电缆围栏。以 3m 为模数构成展台模块，模块向四个方向组合成门廊，这四个门廊构成的较独立的空间可分别服务于不同主题的展览。每个模块上设有格栅，容许展览者将他们所需的各种展览主题方便地铆接在上面，格栅自身的弱化可以让被展览品成为视觉的焦点，而且不同展览主题间悬浮式的自由组合让展览元素互相渗透而又风格和谐，焕发出新的意趣。数据线电源线等从上方连接至围栏，并被在围栏上被接口装置统一整合，这套贯通的系统将整个展览区域连成一片，无形中增强了围合感。模块的移动也较为自由，方便在较为空旷的空间中迅速快捷地组成展览场所。

数据实验室 Prado 赞助研究 Ojo al DATA 主要是为了解决这样一个问题：对今天科学、经济、社会和文化的发展过程中产生的信息指数级增长现象，我们该如何在展览中应对。数据爆炸被利用以提高城市管理的效率、促进科学研究的进步，但同时也提出了需要解决的问题，例如数据的安全性和控制、个人隐私、基础设施管理和获取有效信息。

展览、讲座、研讨会、辩论会，OJO al DATA 临时展馆将在这些场合大展身手，被用来探索各种需要数据演示和统计分析的问题。信息浏览技术和方法、数据挖掘、数据新闻、协同测绘、参与数据收集、访问策略、信息的再利用（开放数据，开放科学）、体制和政府政策的透明度、数据安全和网络隐私，这些在现代生活中越来越可能涉及到的行为，需要崭新的展览方式和空间服务。■END

|1 2|4|
|3|5|

1　四条门廊形展区

2　参展元素连接方式

3　模块上的屏幕与操作平台

4　模块连接方式

5　背后看屏幕连接方式

Mina perhonen koti 时尚商店
MINA PERHONEN KOTI SHOP

撰　文	白申冰
摄　影	Takumi Ota
资料提供	Torafu Architects

地　点	Kanagawa Shonan T-SITE
面　积	66.8m²
产品设计	TOKYO STUDIO/Nakamura paint/E&Y/NOMURA
照明设计	maxray
项目类型	家居用品店
设计时间	2014年6月~2015年2月
竣工时间	2015年3月

mina perhonen 是一个时尚品牌，事务所为品牌新接管的店铺 mina perhonen koti 进行了室内设计。店铺主营家居用品，位于湘南 T-SITE 商业综合体一楼，综合体有一点特殊的是，内部很多租户都与一家叫做"鸢屋"的书店有围合式的空间关系。店铺命名为"koti"，这个词源于芬兰语，意思是"家庭"。这样取名也切合了店铺主营像靠垫、餐具一类的生活用品的业态。也因此，设计中特地设置了一个用于展示的空间，期望能以精致的方式展示这些小型的商品，而且能够突出这些五颜六色商品趣味盎然的排列方式。

这个展示区占地不小，底面铺满了 mina perhonen 各种色彩缤纷、花纹繁多的织物，还有活泼的纽扣点缀其中。这个漂亮的底面上以透明的环氧树脂覆盖、固定，成了一个特殊的"展示池"，沉在"池底"的织物和漂浮在"池中"的纽扣正是吸引客人们视觉注意力的主角。

放置在这个展示区上的商品展示"岛"，展柜特意使用了铜管支腿，因而显得体量特别轻盈，仿佛是漂在环氧树脂构成的"水面"上。展柜高低错落，这样，顾客在错落的间隙中仍然可以看到"池底"的展示品。这些展柜都具有可变形的构造，不仅台面可以具灵活性地展示各种商品，可以拉出的抽屉和可以打开的桌面，也为陈设提供了更多的自由度。

此外，在墙面展陈列的部分，为了给商品展示提供和谐的背景，展示区背后的两面墙被涂成了白色，并辅以玻璃展示架。竖向分隔的活动隔断可以在支撑玻璃架的钢管上自由安装，方便陈列的调整和布局。

设计师希望创造的空间，是可以把光顾 T-SITE 商业中心的各个年龄段的消费者都吸引进来，让他们聚集到店中挑选心仪的商品。这个空间本身也传达出 mina perhonen koti 店所倡导的精致、愉悦的居家理念。**END**

| 1 | 2 |
| | 3 |

1　与墙面展架配合
2　与窗外景色渗透
3　展示区一览

千岛湖云水·格
SHUIYUN GE

撰　　文	李想

面　　积	3 300m²
业　　主	华联UDC-华联进贤湾国际旅游度假区
乙　　方	唯想建筑设计（上海）有限公司
总 设 计	李想
助　　理	范晨、刘欢、童妮娜、郑敏平
客 房 数	27间
竣工时间	2014年

1. 3 内景

2 室外

千岛湖，一个万千好山守护一方好水的地方。甲方在几年前就已经迷恋上这片天地，所以这个项目的载体建筑——由德国GMP公司设计的12栋soho型别墅在两年前就已完工，但是甲方一直抱着珍惜这片山水的态度，没有轻易招商，在2014年的年初，在多重考虑下，甲方决定把这里做成由自己管理的精品度假型酒店，就此开始了我与它的缘分。

12栋建筑的设计风格秉持着GMP公司的一贯德式路线——干净简洁干练，这个前提，比甲方要求的设计和施工要速度快

这一要求来得更有挑战。我认为：不谈论风格，只幻想它将入眼那一刻的感受，这片山水，我无法定义它的优雅与雄壮，只能把我看到的感觉到的，化成缩影，融入在空间之内。如同这个空间是个画板，我则是那个画家，把我看到的画进画框。

前面提到了建筑风格是现代简单干练的，所以结合甲方要求的速度快这一前提，我便提出，硬装一切从简的做法。所以画布与舞台就从这纯白的干净的基底开始，地上的白色地板与墙面的简单白色粉饰将直白的衬托出之后要在这里上演的一场室内外的对话，一副意想出的山水，一出没有言语的戏剧。

设计的重点表达在了每一组家具的形式，每一个细节的表达。家具即是这出戏的主角。在大堂里，我们用实木雕琢出了两叶舟，其一被我们用支架的方式悬空在了这个空间里，让它漂浮在了空气里，像水已经充盈了这里，船桨被我们艺化成了屏风与摆件，配以如荷花一般挺立的"飘浮椅"，再用细竹编制成的网格作为吊顶，透过灯光把竹影撒向了白色的墙面，这就是我要诉说的，扁

舟浮湖面。

在餐厅里，我们把枯树镶嵌在了桌子上面，结合光影的互动，一副山林便如此。

客房里，用以一颗石子触碰水面那一刹那的波动作为沙发的形式出现，涟漪一般的撒出几轮优雅的弧线，便成就了空间里的水的动与静态。我们寻找出一颗树、一支藤、一颗石子、一个鱼篓，经过精细的加工，小心翼翼的放置它们的位置，就像本该出现的出现，填补出整个构图中的主次角色。

静即是动，动即是静，表现动态的线条与静止的事物互相蔓延，古朴的质感与精致的雕琢相互碾碎，就此画出一出幻想中的山水戏。

本设计内的大型沙发（涟漪沙发），创意凳子（漂浮凳），扁舟榻（大堂座椅），千岛湖山水茶几（影射千岛湖的自然风光，玻璃上的山形木头代表冒出水上的山），船桨屏风和船桨把手（用泡沫雕塑打样确认造型后由专业的塑控机床雕制），大堂餐厅竹编吊架（亲自选竹并与工人一起编制造型，调节编制孔眼大小），衣柜，所有灯具，均为为该设计的原创设计款式。END

1	3
2	4 5

1-3　公共空间
4　细节
5　屏风

1-4　室内沙发设计源自千岛湖山水

5　客房

```
| 1 | 3 |
| 2 | 4 5 |
```

1-5 用"一颗石子触碰水面的涟漪"概念来设计室内

林氏住宅
LIN RESIDENCE

摄 影	Hey! Cheese
资料提供	禾睿设计

地 点	中国台湾新北市淡水区
面 积	42m²
主持设计	黄振源、邱凯贞
设计团队	禾睿设计
作品网站	www.lcga.net
类 型	住宅
建筑材料	意大利壁砖、钢刷木皮染色、铁件、
	清玻璃、木地板、威尼斯漆
设计时间	2014年

1 杰克罗素梗栖息区
2 采光通透的客厅空间
3 隔而不断的电视墙
4 平面图

此案坐落于中国台湾新北市的淡水河畔，从客餐厅和主卧室看出去都可直接欣赏到淡水河湾的景色。为了保持空间的开阔感受，设计导向主要着重于强调空间的穿透性，突显窗外的河岸风光及采光面向的优势。所以，为了让采光更大面积地纳入公共空间，我们将区分客厅与主卧室的电视墙面以穿透的 L 型的金属框架作为隔间，在视觉上将电视背墙与顶棚、墙柱脱开。客厅及主卧室透过了这面窗型隔间，两室在不发一语的情境下也能透过天光共享自然；或者透过开关灯及窗帘等活动来分享生活。长时间的光影变化是自然的节奏；短时间的光影变化则是人的节奏。

家饰软件配合空间，配色以重点局部式的橘红色为装点，整体空间以灰色为主要色调，经由材质的质感呈现变化。自入口玄关具有斜度的顶棚转折至客厅空间，整道立面选用大尺寸的水泥质感瓷砖，以不间断的铺面方式，一气呵成贯穿至底端，利用延续性增加空间气度。

在客厅的展示架在设计上我们结合了屏风、沙发边几的功能，以及给爱犬杰克罗素梗的休憩区，屋主及宠物皆能在客厅共同愉快作息。

进入次卧室不希望直接看到次卫浴的入口，所以我们将次卫浴门结合一整面的黑色铁件书架，并以线条利落的黑色金属床头壁灯呼应。

1		3
2		4 5

1　起居区与铁件书架

2　餐厅与起居区交汇

3　卧室

4　电视墙背后

5　走廊

枡野俊明：石立僧的正念

撰　　文｜刘匪思
资料提供｜七月合作社

　　枡野俊明造园，先看的并不是场地而是石头。就像遇见一位陌生人，还未交谈之前，先从他习惯的姿态与手势猜想他的个性，石头也有自己的性格。"让安静的石头，更加安静"，是这位僧人兼造园师的设计哲学。

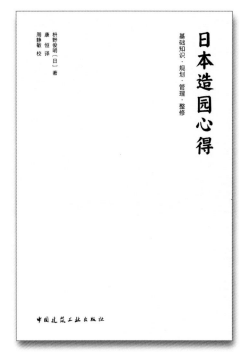

日本造园心得
基础知识·规划·管理·整修

枡野俊明［日］著
康恒译
周静敏校

中国建筑工业出版社

```
    2  3
 1
       4
```

1 悠久苑

2 枡野俊明

3 《日本造园心得》中文版，中国建筑工业出版社出版

4 造园前的选石

日本建功寺主持枡野俊明的修行从每天早上 4 点半开始。打开寺庙中四面八方的门与窗，在 450 年以来的历代主持牌位面前参拜，再给每一位添上新茶、敬上香。这位以石造园而闻名世界的设计师，虽然接受过现代工程技术的科班训练——1975 年毕业于日本玉川大学农学部，然而，在他的设计哲学中，现代技术的表皮下，骨子里是无法用语言描述出来的侘寂美学。

枡野俊明选择学习造园的原因很偶然，在他的学生时代，他家所在的建功寺请了著名的造园大师齐藤圣雄来修缮园林。"当时老师已经八十多岁了，我那时候就想跟着学，万一老师身体不舒服，或者没法过来，我自己也能帮着做事"，这段经历让枡野俊明萌生了一个念头，僧人造园是日本历史悠久的传统，对于很小就决定继承家业、主持建功寺的枡野而言，以禅僧的方式造园，是既能符合他的理想，又是一门谋生和传承文化的事业。于是，从初中到高中，他每逢假期都会离开横滨的家，跑到京都看各个寺庙的园林和枯山水，特别是龙山寺的枯山水，令他十分感慨造园匠人的功力。

日本平安时代后期，"立石作庭之事"出现在日本的造园经典《作庭记》。当时，因为佛教盛行，每逢成立或是拓建寺庙，都会涌现善于以石造园的僧人，这些半职业化的造园僧被称为"石立僧"。等到枡野俊明这代开始造园，他发现，有着诸如云集在京都的经典园林在先，今人造园，极难，又极易。

难的是，在前人创意肆意的设计之外创新是一桩难事。容易的是，现代建筑与施工技术的方式解决了以前人力无法做到的事情，比如可以把石头内部掏空，既能垒叠成石林，又不会因为石料过重造成地基下沉。对于枡野俊明而言，自小在寺庙的生活，日常的点点滴滴给予他书本中无法体会到的美学。他说，"在和室里，插一枝花，点一炷香，打开一扇窗，或是一扇门，都会对整个空间的美产生影响。"

枡野的设计方式也是从体验入手。每逢造园，园中的每一块石头都必须经过他的审视与改造。"我习惯先看一块石头的属性，怎么让安静的石头看起来更加安静。

在思考过程中，我会想如果光从这里过来的话，石头应该怎么削去一点，怎么把它的特质显现出来。"，便是出国做项目，枡野俊明依然会一块一块地去实地挑选造园所用的石头。

在《日本造园心得》这本书中，枡野俊明笔下的日本经典园林是从修建到维护都需要用心去感受、去呵护的场所，甚至树叶的修剪都需要跟随四季的规则而进行调整。在他自己的设计中，理性的设计从方案开始到施工结束，之后的"设计"都留给了美的体验，怎么让园林看起来美，让都市喧嚣中生活的人们感受到来自古典园林的宁静，才是枡野俊明认为石立僧的正念。END

| 1 | 3 |
| 2 | 4 5 |

1　神苑

2　寒川神社

3　瀑松庭

4　神狱山

5　神苑

闵向

建筑师，建筑评论者。

理想在左，实用在右

撰 文 | 闵向

弗雷·奥托是个理想主义者，临终前被机会主义建筑大奖普利茨克奖加冕，于是这个离开聚光灯好久的伟大建筑师被各个涌现出来的各色人等怀念。实用主义者格雷夫斯也悄然过世了，这个曾经红极一时的后现代主义标志性人物没有被普利茨克奖加冕，大多数人只记得他设计的小鸟水壶而不是他建成的 350 个左右的建筑，包括载入建筑史的波特兰市政厅。

理想在左：弗雷·奥托

弗雷·奥托，德意志制造联盟成员的儿子，成为飞行员之前设计过滑翔机，他自认为受密斯的影响，是个坚定的极简主义者，用曲线和轻质结构表达出另外一种"less is more"。他认为人要将自然的影响减少到最小，他努力理解自然，学习自然，他说过"停，与其建成这样，不如不建！"弗雷·奥托首先是个工程师，创造了膜结构这种新的结构形式，也创造了最早的被动太阳能建筑。弗雷·奥托还是个自然主义者，灵感来自自然界，甚至肥皂泡，是建筑仿生学的先驱。弗雷·奥托更是个教授和作家，从教室到实验室和工地，他都卓有建树。但更重要的是，弗雷·奥托无视所谓建筑学的界限，各个学科的成果都可以进入建筑学来帮助他创造一个没有等级、自由、透明轻盈的建筑世界。那是因为奥托在第二次世界大战晚期作为德国战斗机飞行员时，在空中无助看到祖国的城市在大火中毁灭，看到所有宣称永恒的建筑都不堪一击。所以弗雷·奥托自称幸存者，是个战争的幸存者，他其实也是功利的幸存者。1972 年慕尼黑奥运会的膜结构让他闻名一时，之后则在潮流转向不定的建筑学世界中稳定坚定地追求自己的建筑理想。在亚洲和非洲都留下了作品，主要为穷人设计。

奥托在结构上有开创性创新，形成了自己的形式语言，可惜的是，他的建筑或者说结构未能充分建筑化而让他的局部有效知识无法转换为建筑学的普遍有效知识。和他的好朋友富勒不同，他能够跨界综合不同学科进入建筑学，但没能够将建筑学的行业知识转变成影响其他行业的知识。就这点，我可能苛求了点，因为即便如此，他一生的工作已经秒杀那些争先恐后缅怀他的所谓当红建筑师和评委们了。

朋友对他的获奖感到惊奇，普利茨克奖的评委一直踮脚看最前头的人，怎么给了个落在后面的人。事实是，对于伟人，评委都是矮子，他们没有方向感，踮着脚看不到前头和后头，抓阄一般地给了一个必定被建筑史记载的人，费时再久的忽视都不会改变弗雷·奥托是位"建筑界的微物之神（the god of small things in architecture）"。

奥托为慕尼黑奥运会设计的体育场

奥托的膜结构实验

实用在右：格雷夫斯

　　格雷夫斯，一个牛贩子的儿子，注定不会坠入清教徒的陷阱，这个喜欢雷司令的人，他的生命一定是欢快奔放的，即便2003年瘫痪在轮椅上，他也会积极让生活看起来没那么糟糕，他就此成为了健康设施的专家，成为奥巴马的顾问。

　　1981年，建筑界的教主约翰逊费尽口舌说服评委选择格雷夫斯设计了波特兰市政厅，它被认为是后现代主义第一栋标志性建筑，就此干巴巴的国际式主宰的建筑学世界崩塌了，全世界包括刚刚开放的中国建筑院校都在模仿他那华丽的草图。他宣称波特兰市政厅是人文规则的重现，但在2009年却被称为最丑的美国建筑而差点被拆除，而1987年落成的休曼那大厦是他职业的学术高峰，被称为1980年代美国十佳建筑之一。

　　不过在推倒国际式之前的格雷夫斯却是晚期现代主义的标志性人物，是纽约五之一，其他四位是库伯联盟学院（cooper union）的当家，纸上建筑师约翰·海杜克，好莱坞明星最爱的查尔斯·格瓦斯梅，总是穿得像酒吧招待的彼得·艾森曼和另外一个红极一时创建白派的理查德·迈耶。今天，在世的只剩下了后面两位。现在看来清教徒的国际式根本就不是格雷夫斯的菜，他在后现代主义的道路狂奔一发不可

收拾，变形的柱头、鲜艳的颜色、舞台布景式的立面、甚至天鹅，他一头扎进资本主义的怀抱，成为迪斯尼的御用建筑师。对此后现代主义鼓吹手詹克斯也错愕不已，开始批判他的迷失，随着后现代主义的昙花一现，无数非议四起，格雷夫斯感到挫败，不过他想到他还算是成功建筑师就坦然了。

　　他岂止是成功的建筑师，他是个真正的百万富翁，他为Alessi设计的水壶卖了200万个，他所设计的厨房和家具用品成为工业设计的经典。他拥有自己的迈克尔设计酒店，他是普林斯顿的教授，还打算在2015年在新泽西和温州同时开办他的设计学校，用格雷夫斯的设计哲学和形式语言来教育后辈。建筑学中，他在形状、空间，尤其在色彩上具有创新，并召回了装饰主义的幽灵而形成了独具特色的鲜明的格雷夫斯形式语言，他在室内和工业设计上也做出经典的贡献，所以他必将在建筑史中占据一席之地，即便不在主神的殿堂，也剥夺不了他这个享乐主义的潘神的角色。

　　清华大学教授周榕认为格雷夫斯在历史上生态影响超出奥托不知凡几，只因为没有奔驰在政治正确的当下而变得花落无声。弗雷·奥托和格雷夫斯用不同的方式证明了自己，改变了建筑史，两个人都很重要，他们是否是被机会主义的当下所追捧，则不是很重要。　**END**

格雷夫斯为Alessi设计的水壶

范文兵

建筑学教师，建筑师，城市设计师

我对专业思考秉持如下观点：我自己在（专业）世界中感受到的"真实问题"，比（专业）学理潮流中的"新潮问题"更重要。也就是说，学理层面的自圆其说，假如在现实中无法触碰某个"真实问题"的话，那个潮流，在我的评价系统中就不太重要。当然，我可能会拿它做纯粹的智力体操，但的确很难有内在冲动去思考它。所以，专业思考和我的人生是密不可分的，专业存在的目的，是帮助我的人生体验到更多，思考专业，常常就是在思考人生。

美国场景记录：对话记录 Ⅳ

撰　文 | 范文兵

1. 从事艺术的不安定

在哥伦布市中心一个据说是全美最大的餐厅式剧院里（Shadowbox live）里，看一场为圣诞节专门制作的，由一个个或经典、或自编的歌曲、音乐剧、哑剧片段组合的为时一个半小时的现场演出。演出结束后，我和60多岁的琳达以及一群朋友，在走向停车场的路上边走边聊（图1）。

琳达告诉我，整个剧场有四十多人，就像一个配合紧密、分工明确的部队。每个演员要承担多种角色，即要做服务员，又要做表演者，才能要很齐全，唱、跳、演都要会，很多人还会演奏乐器。这个圣诞演出对于哥伦布市及其周边喜欢艺术、演出的人来说，已经成为一个一年一度的固定节目。

的确，我后来看到，在整个演出过程中，几乎每个服务员都上台进行了表演。领我入座的女服务员和琳达如同老朋友般熟络，后来才得知，她竟然是这个剧院的老板娘，而且还是舞台上的主角，唱、演、跳，均水平一流。

属于美国中部中上阶层的琳达和我说，这种餐厅式剧场，可以让演员们有一个比较稳定的工作，安心表演，平时白日里没有演出时，就作为餐厅营业。聊到这儿，她停下脚步，扭过头来对着我很严肃地说："Fan，

你要知道，在美国，做艺术家，是很危险、很不安定的。我的大儿子是摄影师，拍电影、艺术照片，他曾经有16周整整4个月，什么工作也没有，没钱付账单呀。圣诞节回家时，那副样子实在是可怜极了。"

这也勾起我的一些回忆，跟她说："小时候我跟父母说，长大后想当作家，他们坚决不同意，说这个职业将来恐怕要饿肚子，而且在中国和政治靠得太近，有危险，还是学一个理工科专业比较牢靠。"

我们共同的朋友，前大学教授，现今当地著名影评人、电视节目主持人J的外孙也是搞艺术的。他20出头，在刚才看演出的饭桌上，跟我们大讲特讲做乐队、搞创作、酒吧里演出的种种经历，一副兴致勃勃、乐此不疲的样子。当然，他肯定不会和豪华公寓里的祖父一起住，演出结束一走出剧院，就和我们道别，说了声"圣诞快乐！"开着辆快要散架的破车，乐颠颠儿地一溜烟扬长而去。

2、交流的困难 1——抽象与精确

元旦早上，去宿舍楼下餐厅吃早餐，碰到美国室友，聊起天来。

他好奇地问我："在中国过农历新年，是不是像美国各地的中国城一样，都有舞狮之类的游行？"

图1

图2

我楞了一下，慢慢地边想边回答说："那种游行方式并不是在中国所有地方都流行，大部分其实是广东、福建，属于中国南方地区的风俗，这跟中国移民进入美国的历史密切相关，因为第一代移民往往都来自这几个中国最南端的省份，因此，并不能代表中国其他地区的习惯。"

他接着问我："那中国其他地区，比如北方地区的风俗是什么样子呢？"

我一时语塞。作为一个在中国城市里长大的人，以我亲身经历来说，对于中国传统（那些在现实中基本摧毁，只存在于想象中的传统）过新年的图像、场景其实是一片空白，于是，只好以第三者身份，描述些在二手资料里看到的东西。因为我知道，如果不说些发生在偏远地方的"传统"，只讲述我熟悉的城市里一般中国百姓过春节的模式，估计会让他觉得跟普通美国人过圣诞节没什么区别。

慢慢地，我把话题展开了一些："要讲清楚这个东西，还是有些复杂的。这就跟你们美国人对中国有一个抽象整体看法一样，我们大部分中国人对你们美国也有一个抽象整体性看法，那种看法大多来自好莱坞影片，来自时尚杂志，来自某些有意无意歪曲事实（或者因为各种原因看不清事实）的留美人士，是一种想象中的美国。比如说，我们大部分中国人心目中，认为你们美国人过新年都是那种在家里放圣诞树、挂闪亮彩灯、小孩子找礼物的习俗，真得是这样吗？"

来自迈阿密附近一座小城、曾在旧金山工作过的室友，似乎有些理解我的意思。他拿出手机，指给我看他前两天在家乡过圣诞节的照片和视频。告诉我说，每到新年假期，他们那座小城就会涌来很多外地人，其中以东海岸人来得最多。因为此时他的故乡气候宜人可以游泳，而东部却是一片冰天雪地。"东部人（新英格兰地区）和本地人过新年的方式就很不一样，他们是来度假的心情，我们则是回家团聚的心情。即使是本地人，由于宗教信仰、种族的不同，大家过新年的方式也很不一样。"

聊到这里，我推荐他去看彼得·海斯勒（Peter Hessler）写的《江城（River Town）》一书。因为我发现，在为数不多的对中国有兴趣的美国人当中，大多是从类似《喜福会》、中国城（Chnina Town）（图2）这样的信息源中获取关于中国的资讯，对中国当代非常隔膜，若有，也是比较概念化、政治化、抽象化的。

我跟他说，《江城》描述的是一座中国腹地小城的故事，比较客观、真实地描写了中国当下。室友的第一个反应是，这是一个有关穷困（poor）小城的故事吗？

我笑道："你这是不是又是一个固定看法呀。中国内地小城，不一定很穷，也不一定很富，就如同美国很多普通的内陆小城一样，有很多有趣的故事和人，从我个人角度去看，有时又不免有些乏味。"

3、交流的困难2——同词异意

冬日夜晚，跟一群美国师生在一个教师家里聚会聊天。

我说："中国这几年的发展速度太快了，也许将欧美100年的发展状态浓缩为10年、15年就给解决掉了。"

对面的美国学生、学者频频点头，有学生回应我道："对的、对的，其实，美国这几年发展也很快呀，互联网、新技术，给出了太多的可能性。"

我急忙说到："不、不，我说的不是这种性质的快速发展。技术进步对中国发展的确有影响，但绝对没有像在美国影响得那么厉害。中国加速度发展的主要驱动力，其实来自经济与政治制度的变革。另外，加速度还体现在建筑与城市面貌、文化与思想演变、日常生活方式等方面的断裂式发展，美国在文化、信仰、城市、生活方式等方面，其实还是比较和缓地、连续地发展着。"

望着对面不解的目光，我举了个例子试图做进一步说明："比如十几年前，中国家庭几乎都没有私家车，自行车是最重要的交通工具。但是现在，那么多家庭开上了汽车，它彻底改编了人们的生活方式、速度感、城市道路、建筑等基础设施。而在物质上，中国不同区域之间的发展水平差异非常大，一些发达地区，比如上海一部分人的生活状态，已经和纽约客差不多了，而一些贫困地区，估计和非洲穷困国家差不多。"

当我说到中国大部分家庭曾经都没有轿车时，一些年轻学生的表情非常迷惑，似乎完全无法想象没有汽车的生活会是怎样的。而当我说到今天一部分发达地区人的生活和美国大城市很像时，去过上海的他们，又一起用力地频频点点头。

不过，我严重怀疑他们是否真的能够理解我所说的断裂式快速发展对中国人身心的影响究竟意味着什么。反过来讲，我恐怕也很难真正搞懂，他们那些基于自身成长经历、文化思想状态做出的表情动作背后，真实的含义究竟是什么？

陈卫新

设计师，诗人。现居南京。地域文化关注者。长期从事历史建筑的修缮与设计，主张以低成本的自然更新方式活化城市历史街区。

住
——春梦了无痕

撰　文 | 陈卫新
摄　影 | 老散

"事如春梦了无痕"，这是苏轼说的。那天是个什么情况，我没能查到，但苏先生一贯的冷静与热情显现得清清楚楚。在所有的季节中，冬季最为古老，所以古人对于春天的来临总是寄予很多的情感。春梦更不必说了。人不改四时，是对自然天地之敬。感春惜春伤春，计较的其实是岁月流变中的"小我"。承认了生命之小，也就接近了古人那些题咏的秘密。明代沈周有一次作了十首《落花诗》，引来许多人的和作。沈氏又作十首，再有人和，如此，他又再作十首。已知的唱和者有文征明，徐祯卿，吕常，唐寅。洋洋洒洒，蔚为壮观。世界越大，触心之处越小。这事放在今天看来，依然可说是件趣事。沈周的诗句其中有一句"偶补燕巢泥荐宠，别修蜂蜜水资神"，比拟而至的温暖诗意自然贴切又近深厚。回头想想，写春天写得如此好的诗大多并不是年轻人的。也许是因为青春之中的人未必理解春天之可贵。

春天之好，在于短暂。因为短暂所以才更显珍贵。更为短暂的无非是青春。今天看一微信，说现在国际组织宣布的年轻人年龄标准是65岁。我想这应该算是一种象征派的幽默吧。南京，因为明清两朝都以此城为江南的政治文化中心，所以这个地方虽然不是吴语系，但有昆曲的传统。看昆曲，最常去的地方是朝天宫的兰苑，戏折以公子小姐的情事旧梦为多。那些闺房妆阁便是青春的驻地。后来在紫金大戏院看了一回新本的《桃花扇1683》，李香君与侯方域，血溅桃花扇，如秦淮一梦。忽然领略到佳人亦是时代中的佳人。一笑一嗔不失大义，竟也是与政局关系着的。那新本之中最大的亮处在于舞美，纱帘垂幔，描绘明代秦淮河两岸风光的《南都繁会图》若隐若现。乐师置于后，而不在侧，算是叛逆了。但加上乐师服饰搭配起来，还是和谐得当，颇有胜状。舞台上表现的时间空间都是虚拟的，闺房妆阁即一桌二椅一围帐而已，却又那么耐人寻味。

明清南京的青春女子是怎样居住生活的，不能全尽知道，但在清人画的《红楼梦》绣像，余怀的《板桥杂记》中可以略窥一二。1990年代初，我曾参与过李香君故居的修缮装饰，很显然，那个"故居"只是一个旅游需求的结果，一个附会。"秦淮八艳"是南明社会的一道充满想象力的风景，影响至今的原因，除了时局以外，这些女子各具才情也是事实，而复社诸君子讨伐阮大铖的办公室正是设在她们的闺房妆阁之内。这真是件荒唐又奇妙的事。马湘兰如此，李香君如此，柳如是更是如此，在南明小时代春梦中占尽风流。现在偶尔从秦淮河上过，能见到李香君"故居"河房刷新的红色。一天一天，也眼见得这种红淡去再浓，浓了又淡。后窗贴近水面，如果侧首望出去，文德桥成了望向

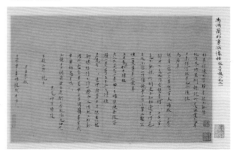

马湘兰手札复制件

闺房家俱陈设 图出清·改琦《红楼梦图咏》

泮水的一处中景，一个参照物，引人入胜。据说透视一词，来源于意大利语的单词"perspicere"，不知道是谁翻译的，也许是来自早期日本人的翻译。但这两个汉字组成的词，妙绝。在这样的环境里，枕水而眠也是妙的。房子中间最重要的是床。过去，南京床有过盛名，被称作"宁式大床"，也叫"拔步床"。《金瓶梅》中有着着实实的笔墨描绘。"春绸大褥"、"石青缎头枕"，在秦淮水边的闺房妆阁里有浓艳春情，自然更有南明那个时代所独具的"惺惺相惜"。

前年得到朋友赠送的一页马湘兰手札仿件，珂罗版印制，有静美意，信是写给苏州王百谷的，"自做小袋一件，缬纱汗巾一方，小翠二枝，火燫一只，酱菜一盒奉上"，句句言及手边实物，深情款款。过去书上说，"在家不知好宾客，出门方觉少知音。"在没有微信的时代，一纸手书的确可抵千金。同时，也可以想见，当年的闺房妆阁中女红的空间占用。

古代文人生活是绕不开闺房的，是情趣多于物质，注重精神的。柳如是与钱牧斋，一个是妓中花魁，一个是东林首领。国破之殇中若没有真情，伤心何来。事实上，试图在闺房妆阁中实现"现世安稳，岁月无惊"，是虚妄的，更别说柳河东的"政治理想"。柳归钱后，钱曾为其建绛云楼、我闻室。一天，钱对柳说，我爱你黑的头发白的面孔。柳答，我爱你白的头发黑的面孔。这次对话由柳如是作成了一句诗，"风前柳欲窥青眼，雪里山应想白头"，传播甚广。用黄裳的话来说，"倒着实'蕴藉'得很"。有时候换一个时空来观看，可能会发现空

间的属性是独立的，又是复合的。在女性读书尚不广泛的时代，当闺房妆阁的主人有文化特征的时候，这种复合性尤为明显。

"秦淮八艳"的闺房妆阁中自然也是有藏书的，房中的书架自然也少不得。书房有别于闺房的，无非更多的书架，更大的书桌。闺房的窗下有榻，便于小憩，便于观听。在南京城南的门西，我曾在一处民居里见过一张清代的小榻，铁力木制，坐框雕"暗八仙"，有暗藏拉伸结构，品相很好。隔墙一侧常常置书架，书架之外便是书桌，也有倚靠南窗的。桌面之上，笔墨纸砚，文玩清供，或有一观。也许还有花笺、八行笺，可以用于书写。书桌上的书写是有仪式感的，讲究起来也是细节繁多。砚山，笔架，水中丞，据说以前还有贝光一说，用贝壳制成用以砑光纸张。这种东西，明代后就少见了。《长物志》里甚至说，"今得水晶，玛瑙，古玉物中有可代者，更雅。"雅真误人。有学者认为中国人对生活的态度本质上是审美的，是享受生活，并不特别看重物质是否丰厚，而是有一点享受一点。这样想来，当年秦淮水边的女子是真志趣的，她们并不以物质丰厚为必要条件，一块卵石亦可作砑光之用。因为过求雅字会坏情，多雅常情不真。

吕克·贝松说"只有时间才是真正的度量单位，它为物质的存在提供证明，没有时间，我们便不复存在。"这是典型的西方表述。中国人会说，"白马入白芦"，人与时间是一体的。也许，一个人一件事只属于那个时代，人与事相互证明。她们是这样，我们也一样。📖

柯布西耶建筑之旅随感

撰　文 ｜ 叶铮
摄　影 ｜ 叶铮

此行柯布西耶建筑之旅，在寒冷的冬日。我们选取了柯布西耶不同时期的7个典型建筑进行了探访。现将一些碎片式的感悟和感受，按照参观的顺序，分享给大家。

拉罗什别墅（1923-1925 年）

此行的第一站是参观拉罗什别墅，远远看去，拉罗什别墅是一个很低调的住宅，被隐藏于一片丛林中，外表简洁、比例优美，呈淡奶油色调。住宅平面为 L 型，实际上是两栋别墅的合体。但当你踏入室内，一股强烈的精神气息扑面而来，其空间的被巧妙地连成一个有机序列。相互穿插的空间，伸入厅内的半平台体块，是其典型的造型手法。弯曲的陈列室斜坡、裸露的灯泡与金属细管结合，点线面的组织在这里恰到好处。这不仅让人惊叹，柯布的设计手法至今看来还是这样的时尚。水平长窗和平滑的墙面，给人空间造型轻盈的感觉。很不凑巧，别墅正在维护之中，柯布的作品几乎常年在轮流维修之中，这也是它们能完好保留至今的保证。但在工地上，却意外发现了柯布对于光线的巧妙处理：柯布在顶部条窗前面加了一个简洁的蓝色挡光板，挡光板将白天室外入射的光线反射成了漫射光，又将夜晚灯泡发出的眩光遮挡，通过两次反射，形成了匀质的光线。柯布用及其简单可行的方式解决了复杂的光照问题。

	2 3 4
1	5 6
	5 7

1-4　拉罗什别墅
5-7　加歇别墅

加歇别墅（1927 年）

在国内我们就已经预约好了参观加歇别墅的时间，别墅位于巴黎豪宅区。驱车穿过一大片森林，蜿蜒之中白色的别墅出现在眼前。加歇别墅体量很大，有 4 层楼，外观看去有点类似小型办公或工作室建筑，现在别墅的主人是法国兴业银行的法务总裁。因为是私人住宅，所以我们只在主人的带领下看了客厅和餐厅区域。初入室内，入口门厅处的楼梯是整个室内空间最引人注目的地方。主人是个艺术和建筑的爱好者，在他的家里可以看到各类时尚的名款家具和灯具。稍作停留，我们便在院子里聊了起来。主人说，他刚花了 100 万欧元的费用来整修这栋房子。当我问他：你作为一个使用者，你对柯布的设计有什么感受时，他用"无比美妙"回答了我。他说，只有身居其中，你才会体会到柯布设计中建筑与环境的高度融合，人与自然的密切联系。如你躺在床上，可以看到天空、月亮、星星；你坐在床上，可以俯视花园的景色……无论在何处，你都和周围的自然发生着关系，非常人性……现在是冬天，花园比较萧条，春天和秋天花园会非常美丽，这里的一草一木都是当时设计时种下的，花园为建筑带来的体验是很奇特

的。当树叶长出来的时候，几乎把房子都隐蔽起来了，即使现在周围有很多新建的住宅，但是彼此间的私密性还是相当好的。我抬头看了看周围，现在是落叶季节，但其他建筑还是若隐若现的。但是，他认为柯布设计的不足之处，恰恰在于柯布自身所标榜的技术问题没有解决好，漏雨、墙体开裂、窗户漏风、冬天的保暖等问题都存在。于是我又问了他第二个问题：你们在维护和整修柯布的作品时，是完全恢复原貌呢还是对缺陷有所改变？主人回答我说，这是一个非常专业的问题，也是在法国不断有人争论的问题，至今没有统一结果。我问他，那你整修时具体怎么办？他说他会兼顾两者，比如门窗，他一定会使用双层中空保温玻璃，但是保持外表不改变；漏水的问题一定要解决；家具全部用新的，卫生间不动但是要加现代化的设施。其实维修比新建还要昂贵，每年要花 200~300 万欧元。他还讲到柯布设计的一个细节，为了强调进深感和体积感，看似白色的外立面其实每一个面都是不一样颜色，都是有细微差别的灰白色。他说维修的每一个细节，都要通过法国文管会、柯布西耶基金会的同意，有任何一个部门有疑义，就不能实施。

1	3	6
	4	
	5	
2	7 8 9

1-9 萨伏伊别墅

萨伏伊别墅 (1929-1934 年)

探访时，萨伏伊别墅笼罩在晨雾之中，轻盈、优雅的洁白色建筑静静地坐落在一片由树林包围的绿色草坪上。在柯布的每一个建筑中，环境始终起着重要的作用，无论是人造的环境还是利用自然的环境。萨伏伊别墅的体验是要在行走中进行的，相信天气和光线的变化会给建筑的轮廓、形状和氛围带来不同的感受。我们绕着建筑走了一圈又一圈，感觉匀称的建筑变得丰富多变。水平展开的体块漂浮在纤细轻盈且后退的垂直托柱上，构成虚实轻重、线面凹凸的视觉对比。精心推敲的比例、带来了建筑无限的优雅，构成了简洁而又朴素、理性而又富有诗意的外立面。萨伏伊别墅是典型的柯布式造型。

入口凹陷在光滑的曲面中。在柯布建筑中，室内楼梯永远是视觉的重点。他视楼梯为空间中的一个重要构成元素，将其作为雕塑来处理。室内的坡道又是独具匠心的设计手法，虽然没有使用功能上的绝对需求，却带来了精神上的享受，拓展了空间的感染力。当你随着坡道逐步上升时，

视点也随即升高，一层的景色悄然消失，二层的景色渐渐出现。条窗外的景色也同步显现，被镂空的坡道侧墙与另一侧的横向分割窗，都同时营造了不同的视觉感受。与中国园林的移步异景的有着异曲同工之妙。同样，在屋顶平台等多处，柯布运用了框景的手法来破墙开洞，恰如白色画框中所呈现的风景画。

萨伏伊别墅的室内非常简朴，没有任何的装饰，但是行走在里面，你会感觉空间组织极有章法。在这里，柯布不仅建立了良好的空间感，同时也建立了良好的画面感，而良好的画面感恰是视觉饱满的体现，而饱满的视觉感又融合在整体的空间抽象关系之中，营造了处处有画面、一步一画面的空间感受。即使是一面白墙，在柯布的整体关系调控下，也显得那么饱满，根本无法做任何的添加。这也是他天才的体现。

萨伏伊别墅是柯布现代建筑五项原则的集中体现之作。其空间的丰富性非以往住宅所能比拟。其丰富性来自于基本几何形体的相似性与和谐性，来自于透过玻璃

看到的种种影像和白色框架所截取的自然的画面。虚实对比、点线面体的有机结合、比例的推敲在这里运用得炉火纯青。同时在细部上也做了很多的尝试。比如：为了减轻视觉的重量感，柱子采用椭圆形截面，在保证截面不变的情况下，使正立面达到最小，从而在视觉上传递轻盈的感觉。在二楼有一扇公用的门，柯布用一根细柱来加以强调，独具匠心。

从柯布身上，感受到一种对设计的无限忠诚，其强烈的精神性特征，已然构成了一种神圣的宗教性情怀。不难看出，柯布凭借建筑，来追求建筑背后的精神意志。

巴黎大学城瑞士学生公寓（1930-1932 年）与巴西学生公寓（1957-1959 年）

瑞士学生公寓的设计不同于柯布在 1920 年代的设计，具有复杂曲面形态的混凝土支柱支撑着建筑，更为粗犷和有力。清水混凝土，表现了更加强烈的工业感，建筑形态语言的把握也更进了一步。

瑞士学生公寓现在依然在使用，但可以购票进去参观。休息厅等公共活动功能被安置在底层自由曲面平面之中，分别用两幅画来装饰楼梯间的弧形墙面和学生活动室，门厅内有一张柯布设计的皮椅。楼梯采用黑白灰色、钢结构楼梯，窗户采用了玻璃砖，据说这是为了不让室内的人看到外面，同时也凸显出建筑的工业化背景和时代感。二楼学生宿舍的走道极为朴素、气氛严肃，只是在门上点缀了一块颜色。宿舍内部保留着原样，甚至连家具都是当年的。走在这像修道院一样的学生宿舍，我反而感觉到了一种强大的精神力量，再次印证了简朴的优雅即崇高。

巴西学生公寓在瑞士学生公寓的附近。其建造时间却要晚 20 多年，是由里约热内卢建筑师卢西奥·科斯塔设计，由柯布西耶事务所负责方案的调整和最终的实施。参观的当日，巴西学生公寓因为在拍片，所以没能进入。从外观看，再次被柯布驾驭造型的才能所折服。形体的构成关系十分震撼，理性优雅中仍不失其力量的传达。

1	2	6
3		
4	5	7 8

1-6　巴黎大学城瑞士学生公寓

7-8　巴西学生公寓

圣玛丽·拉·图雷特修道院（1957—1960 年）

拉·图雷特修道院是柯布继朗香教堂之后设计的又一宗教建筑，粗野主义的倾向更加严重。柯布采用三面围绕的方式以钢筋混凝土建筑围绕出内院，粗糙的立面上用水泥板营造出丰富多彩的界面语言，不同外观形态的组合，使整体建筑散发出优雅神圣的气质。构成主义手法的窗格，不等距平行线创造了丰富的节奏感和韵律感。所有的公共设施放置在靠近入口之处，通过平台和走廊连接不同功能的空间。

室内依然简朴，但注重细部的处理。类似电路图的地面铺设和立面窗格的分割、空间的工业感契合。阅览室里裸露的灯管简洁利落，结构构件和造型语言密切配合，常常一个显眼的色块恰恰是某种功能的提示，比如红色木板打开便可以通风。外立面上的几何体，恰恰是室内神秘光线的产生容器，这也是柯布特有的控光方式，更是拉·图雷特修道院设计极为精彩神秘的一笔。

教堂空间试图通过粗野的清水混凝土表面、局部跳跃的色彩和光线的相互作用彰显精神之美。柯布用简单的涂料颜色带来了神秘的三色不同的光色。但是站在柯布设计的教堂中，虽有视觉震撼，却鲜有传统教堂中的心灵感动，更多的只是建筑师创造性的造型手法表现，并借造型手法所产生空间气场，而非流露于由内心信仰所致的感动和正气。

1		4	5
			6
2	3	7	8

1—8 圣玛丽·拉·图雷特修道院

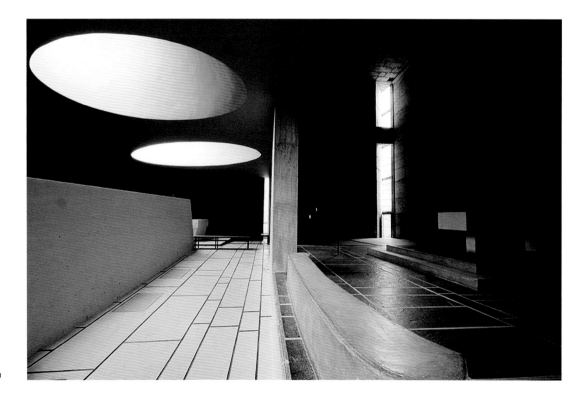

| 1 | 3 |
| 2 | 4 5 |

1-5　圣玛丽·拉·图雷特修道院

1-7 朗香教堂

1-7 朗香教堂

朗香教堂（1950－1955）

朗香教堂位于山顶之上，其建筑形式一反柯布以往的几何形体，而采用了有机形态。墙面倾斜、粗壮的钢筋混凝土结构、富有想象力的形状，大小不一的窗洞，奇特的透光方式，使得这个建筑超凡脱俗。建筑仿佛是个雕塑，在柯布的把玩下将形式和造型达到了登峰造极的地步，卓越的造型才能几乎超越凡尘。在这里，柯布试图通过形式、空间和光线的运用，来唤起一种独特的空间体验。然而踏入教堂内部时，我只是被柯布的设计所震撼，却没有感受到来自上帝的关怀和力量。期间，在参观者中巧遇一位法国长者，在交谈中，他说不少法国人对此教堂有不同看法，并表示与他同行的外孙女和夫人也不喜欢朗香的设计。

柯布设计的教堂，更多是以建筑设计的高超手法，如造型、光控、肌理等方面来震撼人们的感受。尤其是在照片里，或者是初到现场的一瞬间，你会被它震撼。但柯布本身似乎并未通过其建筑传递出对上帝、对宗教的敬畏。在柯布设计的拉·图雷特、朗香等宗教建筑中，其空间的气息虽强，但缺乏传统教堂那种对宗教神圣感的传达，更多让人感受到巨大的压迫、紧张和神秘。甚至有

点恐惧。他的设计中，始终少了一些对人性的关爱，少了一些由信仰激发的正气，更多的只是追求建筑自身的气场营造。

柯布的设计，在个人精神性的表达上，往往远甚于客体的功能性需求。虽被尊为现代主义的领袖，但其作品常有背现代主义的价值追求，真正的内涵仍然是精英式英雄主义的文化崇拜，远离现代主义普世实用的现实关怀。因此，柯布既是现代主义的，又不完全是现代主义的。

本质上，所谓伟大的建筑大师，除其杰出的建筑造型语言外，总是潜意识地对人类自身价值的漠视，而恰恰是这一种深层的漠视，反而被人类的精英文化所推崇。

历经大半个世纪的现代主义运动后，站在当下的时代背景，回顾柯布西耶的成就，可以发现，他真正的贡献，并非是那些纸面上的文句和所谓的建筑理论抑或教条……更不是柯布倡导的五项基本原则。

而柯布的影响力至今毋容置疑，其核心的价值，仍在于他开创性地建立起极富柯布特征的造型语言，而该造型语言成为日后现代主义建筑的设计原型。可以讲这是一种柯氏造型体系，无比理性优雅，富有时代精神，从而奠定了现代主义的空间造型语言与建构

组合关系，并且长久持续地影响着全球东西方不同的文化背景的建筑师，成为人们模仿的原型版本，并在他的基础上，发展出千姿百态、风格各异的空间造型语言。不难发现，许多世界上成功的设计大师，不少都从柯布的造型原型中，形成了自己的风格。

推动建筑历史发展的最根本最专业的因素，便是开创新的空间造型体系。从这个意义上来说，柯布的贡献是显而易见的，他是大师中的导师！ **END**

Tips:

拉罗什别墅（Villa La Roche）
地址：10 Square du Docteur Blanche 75016, 巴黎
加歇别墅（又称斯坦因别墅 Villa Stein）
地址：17 Rue de Professeur Victor Pauchet 92420
Vaucresson, 巴黎
萨伏伊别墅（Villa Savoye）
地址：82 Rue de Villiers 78300 Poissy, 法国
巴黎大学城瑞士学生公寓（Pavillon Suisse）
地址：Swiss pavilion7 Boulevard Jourdan 75014, 巴黎
朗香教堂（Chapelle Notre Dame du Haut）
地址：13 Rue de la Chapelle 70250 Ronchamp, 法国
拉·图雷特修道院（Convert of la Tourette）
地址：Route de la Tourette 69210 Éveux, 法国

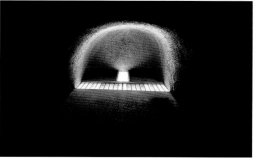

邂逅德国法兰克福样板房村

撰文、摄影 ┃ FCD·浮尘设计工作室、万浮尘

　　我此次德国之行，邂逅德国法兰克福样板房村，近距离感受包豪斯风格建筑的"后现代"。包豪斯风格的建筑线条简约大气，富有现代主义美感。而现代包豪斯的应用，也更加崇尚与工业系统方面相结合，功能性的合理化，更加的节能环保和人性化。

　　法兰克福样板房村有几十位设计师的作品，但是每一幢别墅，从建筑本身外观，周边配套景观再到内部的硬装设计，软装配饰，都完全交与一个设计师之手，真正实现了设计的一体化（不像我们现在做的室内，由不同设计师分别做设计然后"拼接"起来），如此产生的作品，整体格调浑然一体。加之有德国工业4.0体系的保驾护航，使得这些建筑成本大大降低而效率却成倍的提高。

　　说起此次德国行，感触颇深的可以说是接触到工业4.0体系全面化应用与家居之中。谈到德国工业4.0体系，尽管大家都知道德国工业基础堪称世界第一，但很多人提到德国的工业4.0体系还是一头雾水，不知它跟传统工业体系究竟有何不同？其实工业4.0体系就是管理和生产方面的智能化：管理上运用最新信息通信技术，实现多地生产力协同化；而生产方面则主推智能生产，实现人机互动以及3D技术在工业生产过程的应用。这便启发我们在研发设计和建筑施工中除了应用信息技术提高工作效率，还可以综合应用计算机技术、新材料合成技术、控制和传感等方面的最新技术来打造高科技高性能创新居室。

HUF HAUS GmbH u. Co. KG
Franz-Huf-Straße
56244 Hartenfels

Tel.:　+49　6101-87730
Fax.:　+49　6101-89803

www.huf-haus.com
frankfurt@huf-haus.com

1	3 4 5
2	6

1-5　法兰克福样板间村的风格非常重视生活的享受，充分显示出
　　　轻松自然。既简洁明快，又便于打理，自然更适合现代人的
　　　日常使用

6　　流理台与吧台的结合设计，在实用功能上更加方便，快捷。
　　　同时也有当代人所喜欢的时尚，简约

德国工业 4.0 也是德意志民族的"任性" 4.0，中国人比较"任性"、"有钱"，而德国人也比较"任性"。从日耳曼民族从打败古罗马获得独立开始到马丁．路德对宗教的改革运动，这是"任性"，那时是 2.0 时代。之后二战结束，再到文艺复兴的发展，建立 3.0 时代，直到发展到现代的 4.0 时代。德国人是戴着手套的科学家，穿着蓝领的思想家，这就是德国 4.0 的任性。

此次德国之行真正体悟到工业 4.0 并不是我们在国内简单接触到的那些智能家居，当我置身样板间，毫不夸张的说，就如同置身在一个全面科技化的智能磁场。在这里家庭自动化产品不是一个电饭锅，一个门禁那么简单的商品堆砌，而是真正的一个从装修

硬件上就开发入手的一套整体系统。

在目前，我们大众所知的，应该算是明星林志颖的智能家居房吧，而他所演示的只是"智能家居"中一个最基本的"远程控制"功能而已。

而这次德国一行我则有幸目睹了 4.0 系统的彻底应用。它实现了多个系统同时工作的功能，比如家庭的照明系统、遮阳系统、恒温系统、智能气象感知系统、家电系统、移动感应系统、安防感应、液晶触摸屏控制系统等以及别墅的园艺喷灌、家庭成员的健康感应等，这些都可以通过主机来根据我们自己的生活习惯来进行个性设置，完全的"私人定制"。在这之后便可以通过手机、平板电脑等终端设备随时随地控制、查看。4.0

系统的使用让家可以自己"照顾"自己，为我们的生活带来便利。

在装饰表现上，法兰克福样板房村充分发挥现代建筑材料和结构的特性，在整体设计上采取以干净利落的直线条为主的手法，材质上多运用带纹理的木材、玻璃，以及不锈钢等，这些自然与工业化的对比材质，充分体现了德国的自然资源，与现代工业并重的国家特性。

运用建筑本身的各种构件创造出令人耳目一新的视觉效果。与传统的建筑相比，更加简洁、明朗、并富动感的建筑艺术形象，而这样的设计和规划理念，其实对于当代人的生活是更适合的。别墅外观的形式、与周边环境结合的处理上也有独到之处。

1-2 在落地窗前，配置一张单人沙发加一个小茶几，午后阳光正好，一本书，一杯咖啡，悠然自得。夜阑人静时，一杯红酒，配一首优雅的曲子，回味无穷。

3-6 一个简单的休闲区，如同穿过深林，偶遇一方遗世独立的天地，安静，舒适。正是这个小小的角落陪你度过了大部分的闲暇时光

```
I  │ 3  4
2  │ 5  6
```

I 一体化橱柜的运用，使空间整洁，干净，对爱干净，但是又忙碌的年轻人，
是很不错的选择。体验高品质家居生活，提升生活品味

2-6 LOFT 这种工业化和后现代主义完美碰撞的艺术，逐渐演化成为了一种
时尚的居住与工作方式分隔出居住、工作、收藏等各种空间合一的独特
LOFT 生活体验。使居者即使在繁华的都市中，也仍然能感受到身处郊野
时那样不羁的自由

从这一组别墅的照片，我们可以看到简洁利落的线条构造而成的建筑，由于线条简单、装饰元素少，反而更加直观的显现出建筑本身的美感。大的落地窗，笔直的房屋结构，几何体的构建造型，高级灰的色彩搭配，摒弃了很多华而不实的装饰。无一不彰显出大气、内敛的品味与格调

而我们在进入样板间之后，可以更鲜明的感觉到"德式设计"的严谨、直接。饰品，更能展现出浓厚的德式简约味道。在多套的样板间中，我们可以感觉到一个共同点，选择以最基础的点线、块面的装饰形式贯穿作品始终，色彩纯粹，明快大气。

法兰克福样板房村，几十个设计师联手

打造高品质家居生活，提升生活品味，家装设计应从家居风格确定开始。以简洁素雅的室内装饰，贴切自然的健康生活状态。充分显示出朴实风味。既简洁明快，又便于打理，自然更适合现代人的日常使用。 德国式的现代风格是现代家装中很流行而实用的一种风格。它造型简单、明快、所以受到越来越多现代人的喜爱。

通过这次德国之行我也明显感觉到德国设计以人为本，以工业带入设计所带来的超前生活品质，同时期待工业与科技能进一步推动我国建筑施工效率和资源利用率的提高，期待和迎接中国绿色和智能建筑时代的到来。🅴🅽🅳

伦佐·皮亚诺的渐渐件件

撰　文 ｜ festo
资料提供 ｜ 上海当代艺术博物馆

近日，著名建筑师、普利茨克奖得主伦佐·皮亚诺的首次中国个展"渐渐件件"在上海当代艺术博物馆开幕。分为 5 个板块的主题展览以建筑模型、手稿、展板及影像的方式呈现建筑师的所有代表作品。在为开幕式准备的讲座中，78 岁的皮亚诺向观众分享了他的建筑人生，而且他参与设计的首个中国建筑作品，无疑引来颇多的好奇与关注。

伦佐·皮亚诺最为耳熟能详的作品，无疑是与理查得·罗杰斯合作设计的法国蓬皮杜国家艺术文化中心。1977 年完成的蓬皮杜中心，是从来自 49 个国家的 681 个方案中选取的获胜者作品，而赢得方案的皮亚诺与罗杰斯当时却被视为"异端"，酷爱古典美学占主流的巴黎市民极其嘲讽这栋"长满管子"和"铁皮"的建筑。谁也没想到，才过了十多年，蓬皮杜中心俨然是巴黎重要的地标建筑。

"你可以不去读糟糕的书，也可以不去听糟糕的音乐，但你不能不天天去面对你家门前丑陋不堪的高楼大厦。"1998 年，获得普利茨克奖的皮亚诺在颁奖词中将建筑师职位描述成人类最古老的职业。此时，他已转向生态建筑领域，以科学的结构设计和新材料的运用来减低人类建筑对自然环境的影响。为他赢来奖项的让·玛丽·吉巴欧文化中心，外形设计受到当地卡纳克（Kanak）建筑启发，而建筑材料则用木质肋板取代当地常用的植物。经过科学计算，建筑的双层外墙采用弯曲的肋板"叠"成的通风装置，用自然风取代了空调系统。包括 2008 年为美国加利福尼亚科学馆的设计，皮亚诺在科学馆被称为"活着的屋顶"上种植了一百多万株植物，而玻璃屋顶中使用的太阳能电池还能解决馆内 5% 的电力供应。每一件皮亚诺设计的建筑作品都在蕴含着各种高科技与新结构的功能，这也使得图片式的报道呈现在面对他的作品时表现出无力感。

正如皮亚诺个展名为"渐渐件件"，强调构件建筑的每个细节与步骤。这并非是一场适合"朋友圈"晒照的建筑展览。任何想在这里拍出"美图"的观众，或许会被布展的"理性之光"打消了念头：为了呈现出每个建筑模型构件的细节，"光影婆娑"似的视觉效果被取消。而有关每个建筑的"故事"，索性被一叠叠厚图纸取代。从方案规划，到用于施工的详细图纸，皮亚诺"大方"地把所有的建造细节都拿出来亮相，甚至是那些建造时使用的特殊工艺和材料也呈现在展览中。

分成五个版块的展览，包括"从建筑开始：建造的轻盈"、"轻巧的智能城市"、"中国项目"、"文化场所，艺术空间"以及"为音乐和宁静而做的建筑"。用 200 多根钢丝绳悬挂起来的展板与下方的展台形成立体岛屿的呼应，这些"高技"的布展同样出自皮亚诺建筑工作室的团队。

对于伦佐·皮亚诺这位创作力旺盛的现代主义大师，无论是讲座报名上千的人数还是现场及网络征集到的数百个提问，都展现了中国建筑爱好者的热情。或许亦是因为这份热情，2013 年，皮亚诺承接了中国某服饰品牌办公楼的设计。在展览开幕讲座的 ppt 中，皮亚诺坐在靠椅上侃侃而谈，而中国的甲方坐在一旁认真的姿态，则让人开始期待这个或许是皮亚诺作品中创作自由度颇高的建筑作品。就像皮亚诺曾说过的，"若是要把我自己比作什么人，我希望能成为鲁滨逊，一个能在异乡开拓与生活的发现者。" END

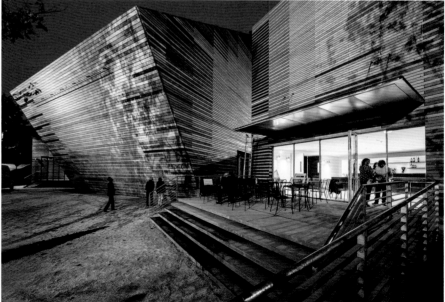

BOX10：有限空间里的无限创意

2015年3月28日，第四届"BOX10深圳十人·空间设计奖"颁奖典礼在深圳大学科教楼首层拉开帷幕，来自中央美术学院建筑学院、天津美术学院设计学院、同济大学建筑与城市规划学院、深圳大学艺术学院等高校的学生及老师，与深圳十人及各大媒体等汇聚一堂，同期举行的还有《"BOX10深圳十人·空间设计奖"大学生设计竞赛作品集》新书发布仪式。当天下午，华侨城创意园有方空间举行的以"室内/界"为主题的学术论坛，更是引燃了一场关于当代设计与高校教育的交流与碰撞。

2015金汇城市设计国际方案征集评审会在上海召开

2015年5月15日，在上海风语筑大楼举行了"2015金汇城市设计国际方案征集评审会"，此次会议由上海奉贤金汇镇人民政府主办，《世界建筑》杂志承办，以金汇镇城市设计国际方案征集汇报与评审为主要议题，以期为金汇镇、奉贤区、上海市以及更广阔的中国城镇区域提供设计参考，并建立起与国内外建筑、规划专家联系的长期有效的平台。受邀参加本次金汇城市设计国际方案征集的设计单位有：国际城市规划大师、滨水区域城市设计专家、2011年伊拉斯谟奖获奖人胡安·布斯盖兹（Joan Busquets），德国意厦国际设计集团创始合伙人、德国斯图加特大学城市规划研究院建筑与城市规划系米歇尔·特瑞普（Michael Trieb）教授，上海集合设计One Design Inc总监卜冰。

施华洛世奇欢庆120周年

2015年4月28日全球各地的设计师、社会精英、合作伙伴和新闻记者云集施华洛世奇（Swarovski）位于奥地利瓦滕斯的总部，出席品牌120周年庆典及施华洛世奇水晶世界（的重新开幕。扩建项目与全球顶尖艺术家及设计师共同打造，总面积达7.5公顷的景观公园汇聚举世无双的艺术装置及新型建筑物，此外，对巨人世界内部的五个"梦幻展室"也进行了重新设计。看点包括：美国及法国设计师二人组曹 | 帕罗特工作室设计的水晶云，在占地1 400m²的空间中用80万颗施华洛世奇水晶手工制成，悬浮于黑色的水镜之上。

设计行业好日子的过去、现在与将来

近日，被称为"中国设计行业第一位实战型管理专家"的陈阳推出新书《白话设计公司战略》。书中的企业发展三轴理论、战略模块分析等是作者根据自己多年的实践经验总结，以及为两百多位设计公司老总进行培训课的过程中的思考和研究。在同济大学教师发展中心举行的首发仪式上，陈阳，同济大学出版社社长支文军，上海大学艺术研究院副院长王海松，上海中房建筑设计有限公司董事长丁明渊，上海力本规划建筑设计有限公司创始合伙人白鑫，霍普建筑合伙人、董事、副总经理成立等嘉宾，一起话聊设计行业的的"好日子"。

上海尚品家居装饰展即将开幕

作为沪上高端家居、室内装饰及家居产品的贸易采购平台——上海尚品家居装饰展（LuxeHome）已经逐渐成为一场汇聚行业领军企业的时尚家居秀场；这里拥有强劲生产能力的制造商也在不断向行业、向消费者展现出具有时代感又贴近消费需求的精品，让Made in China转型为精品智造。2015年8月随着展览开幕，包括广东长城集团有限公司在内的中国原创陶瓷企业将在展览上隆重亮相。此次，展会精心策划的陶瓷专区将为现场观众展现瓷器精品、艺术陶瓷、高端创意礼品瓷、高档日用瓷、瓷艺包装器皿等各式各样的陶瓷制品。

Maison Dada 揭幕
系列家具正式发布

Maison Dada是一个全新的家具、灯饰和家居饰品品牌。Maison Dada的诞生仿佛一部狂想曲。它代表着设计师将达达主义融入生活的期望，从日常事物中挖掘内在表现力的创想，既是对梦想与现实之间找寻平衡点的探索，也是一种心灵的冥想状态。Thomas Dariel是Maison Dada揭幕系列的设计师，同时与Delphine Moreau一齐，他也是Maison d'édition的创始人之一，他表示："Maison Dada得名自达达主义。对我来说，这是20世纪最有标志性的艺术运动之一。我认为这是当代设计、当代艺术和当代思考方式的基础。Maison Dada是一种心灵的冥想状态。用天马行空的想象，为物件带来生命。我不喜欢沉闷无聊的家具。我希望家具能拥有自己的灵魂，讲述它们的故事。"

《大宅》出品 掀起豪宅摄影新风潮

近日，由李鹏编著的《大宅》出版发行。该书全部图片皆出自国内有着豪宅摄影风向标美誉的"禧山映像"，其创始人李鹏先生亲自精选了禧山映像15年间的建筑摄影作品，共37个项目全部为一线豪宅品牌。从建筑外立面到室内软装布局，书中大量展示了未曾公开的作品。超高精度照片唯美的光线技巧使观者在探知豪宅秘密的同时也在视觉上得到一次完美体验。

BRIZO Artesso™ 智能厨房系列荣获红点设计大奖

近日，得而达水龙头公司旗下高奢品牌——BRIZO发布的Artesso™智能厨房龙头系列荣获了2015年红点产品设计大奖。Artesso™系列所代表的，就是BRIZO最新、最先进的思想在您的指尖上。革命性的MagneDock®魔吸技术和SmartTouch®智能触控技术的应用，使这一款龙头和您的厨房瞬间变得聪明起来，反映出了一种对手工锻造的精细追求，巧妙地结合工程美学，使水龙头的外观与功能得到全面的展现。

邂逅芬兰影像展

今年恰逢中芬建交65周年，旅游局携手芬兰驻沪总领事馆，将遥远的北欧风情带到我们身边。"邂逅 | 芬兰—主题图片展"于上海环球金融中心2楼圆形广场展出，除了精彩的图片展，活动还安排包括Rovio愤怒的小鸟、知名的芬兰设计品iittala、Marimekko在内的互动环节。主办方通过图片和视频向广大市民呈现芬兰纯净的自然美景和别具一格的人文风光。

喜多俊之发布"天马"系列作品

近日，震旦集团在上海震旦国际大楼举办"震旦·喜多天马系列新作品发布会"。此次发布会上，震旦家具联手国际知名工业产品设计大师喜多俊之，推出了针对具有国际视野和良好教育背景的新一代年轻高管而专门设计的办公空间。此次所发布的天马系列作品，是为企业主及企业高管量身制定的。喜多俊之表示，竞争环境的变化让企业主、企业高管所面临更多挑战，现有办公空间的设计里很少有针对企业高管的需求开发的办公空间。

CIID 2015 第25届（甘青）年会

CHINA INSTITUTE OF INTERIOR DESIGN
2015 TWENTY-FIVE (GANSU AND QINGHAI) ANNUAL MEETING

2015.10.17-20

年会报名工作现已正式启动，截止日期8月15日，详情敬请咨询：010-88355881

甘肃，是丝绸之路中国境内的主动脉，

上千年前，东方与西方文化在这里碰撞交融，

在融合的过程中，东方文化并没有自我迷失，

融合的结果更是震惊西方。

CIID2015年"甘青"年会，

横跨甘肃青海两省，紧连兰州、西宁、敦煌三座城市，

借丝绸之路"西遇"，

来一场室内设计的文艺复兴。

TOUCH FEELING　tel: 0571 85861409　www.touchfeeling.net

触感空间 家具